Eckhardt Jungfer / Das nordöstliche Djaz-Murian-Becken

ERLANGER GEOGRAPHISCHE ARBEITEN

Herausgegeben vom
Vorstand der Fränkischen Geographischen Gesellschaft

Sonderband 8

Eckhardt Jungfer

Das nordöstliche Djaz-Murian-Becken zwischen Bazman und Dalgan (Iran)

Sein Nutzungspotential in Abhängigkeit
von den hydrologischen Verhältnissen

Mit 28 Kartenskizzen und Figuren, 20 Bildern
und 4 Kartenbeilagen

Erlangen 1978

Selbstverlag der Fränkischen Geographischen Gesellschaft
in Kommission bei Palm & Enke

— D 20 —

ISBN 3-920405-47-1
ISSN 0170—5180

Der Inhalt dieses Sonderbandes ist nicht in den
„Mitteilungen der Fränkischen Geographischen Gesellschaft" erschienen.

---

aku-Fotodruck, Bamberg

VORWORT

Die vorliegende Arbeit ist das Teilergebnis von zwei insgesamt achtmonatigen Forschungsreisen nach Iran im Sommer/Herbst 1975 und Frühjahr/Frühsommer 1976. Die Geländearbeit wurde in einem Team durchgeführt, in dem Herr Privatdozent Dr. O. Weise Leitung, Organisation und Planung innehatte. Ihm gilt mein besonderer Dank. Ohne seine Anregung, seine persönliche und wissenschaftliche Betreuung sowohl im Gelände als auch zu Hause, vor allem aber seine wertvollen Anregungen in oft heftigen Diskussionen wäre diese Arbeit nicht zustande gekommen. Auch dem Dritten unseres Teams, Herrn Dipl. Geogr. R. Schumacher, der im Arbeitsgebiet geologischen und bodenkundlichen Fragestellungen nachging, möchte ich danken für seine Hilfe in Fachdiskussionen und bei außerfachlichen Problemen.

Den Ingenieuren Malechasemi und Tafazzoli, von deren landwirtschaftlicher Versuchsstation Calanzohur aus wir einen großen Teil unserer Geländearbeit durchführten, danke ich für ihre überaus große Gastfreundschaft und Unterstützung bei der Geländearbeit. Gedankt sei auch dem Gouverneur von Bazman, der uns während unseres gesamten Aufenthalts einen Raum in seinem Haus als Quartier zur Verfügung stellte. Der Kaiserlich Iranischen Regierung gilt mein Dank für die Ausstellung der Forschungserlaubnis.

Die Aufbereitung der Wasserproben führte ich unter der dankenswerten Anleitung von Herrn Dr. F. Ziaiffani vom Geologischen Institut der Universität Erlangen-Nürnberg durch. Für die Unterstützung bei weiteren Laborarbeiten danke ich Herrn Prof. Dr. W. A. Schnitzer, Geologisches Institut der Universität Würzburg.

In die vorliegende Arbeit gingen wertvolle Anregungen aus zahlreichen Gesprächen mit Experten im In- und Ausland ein. Von ihnen möchte ich vor allem den Herren Prof. Dr. H. Hagedorn vom Geographischen Institut der Universität Würzburg, Privatdozent Dr. K. Poll vom Geologischen Institut der Universität Erlangen-Nürnberg und R. Brinkmann vom Soil Institute der Universität Wageningen (Niederlande) danken.

                 Eckhardt Jungfer

INHALT

VORWORT V

INHALT VII

VERZEICHNIS DER ABBILDUNGEN UND KARTENBEILAGEN XI

1	EINLEITUNG	1
1.1	Problemstellung und Zielsetzung	1
1.2	Das Arbeitsgebiet	2
2	GEOLOGIE	6
2.1	Paläozoische Gesteine	6
2.2	Granit- und Granodioritintrusion	9
2.3	Tuffe	10
2.4	Tertiäre und quartäre Laven	12
2.5	Miozäne Beckenablagerungen	14
2.6	Quartäre Ablagerungen	15
3	DAS KLIMA	20
3.1	Das Klima des iranischen Hochlands	20
3.1.1	Luftdruck und Windverhältnisse	20
3.1.2	Zyklonale Tätigkeit und Niederschläge . . .	22
3.2	Das Klima im Arbeitsgebiet	25
3.2.1	Luftdruck und Windverhältnisse	25
3.2.2	Niederschläge im Arbeitsgebiet	28
3.2.3	Temperaturen	32
3.2.4	Verdunstung und Luftfeuchtigkeit	37
3.2.5	Klimaklassifikation	39
4	HYDROLOGIE	42
4.1	Das Gebirge	43
4.2	Dashtflächen	45
4.3	Das Endbecken	46

4.4	Abfluß und Einzugsgebiete	47
4.5	Quellen im Gebirge und am Gebirgsrand	56
4.5.1	Quellen in den Vulkaniten	56
4.5.2	Karstquellen	57
4.5.3	Sinterquellen	59
4.5.4	Quellen im Granit	60
4.6	Quellen auf der Dashtfläche	61
4.7	Modalitäten der Grundwasserneubildung	62
4.8	Das hydrologische System	67
4.9	Gedanken zur Wasserbilanz	72
5	WASSERQUALITÄT UND WASSERKLASSIFIKATION	76
5.1	Ziel der Wasserklassifikation	76
5.2	Einteilungsmöglichkeiten	76
5.2.1	Die Natriumgefahr	77
5.2.2	Das Schema des US Salinity Laboratory	78
5.2.3	Bikarbonate	79
5.2.4	Das iranische Schema	81
5.2.5	Trinkwassergüte	82
5.3	Die Wasserqualität im Raum Bazman	83
5.4	Die Wasserqualität von Ziarat und Hudejan	87
5.5	Karstwässer	89
5.6	Höher mineralisierte Wässer	89
5.7	Die Wasserqualität im Bereich der Dasht	92
5.8	Gründe für die Versalzung der Wässer	98
5.9	Zur Güte der Wasseranalysen	102
6	TRADITIONELLE UND INNOVATIVE ASPEKTE DER KULTURLANDSCHAFT	104
6.1	Der Halbnomadismus	104
6.2	Die Bewässerung in den Oasen	107
6.3	Der Anbau	109
6.4	Die Behausungen	113
6.5	Veränderungen in den letzten zehn Jahren	114

7	DER STAATLICHE EINGRIFF IN DIE AGRARWIRTSCHAFT	118
7.1	Projekte in Südiran	118
7.2	Die Farm in Calanzohur	120
7.3	Ökologische Konsequenzen und Gefahren eines Bewässerungsprojekts	124
7.3.1	Die Gefahr des Salzwasserandrangs	125
7.3.2	Die Böden und die Problematik der Landklassifikation	128
7.3.3	Die Gefahr der Winderosion	130
7.3.4	Das Kanatproblem	130
7.3.5	Die Seßhaftmachung der Nomaden	134
8	DAS NUTZUNGSPOTENTIAL	136
8.1	Wasserangebot und Planziel	136
8.2	Möglichkeiten zur optimalen Wassernutzung	139
8.2.1	Zur Problematik von Empfehlungen	139
8.2.2	Abflußhindernisse	140
8.2.3	Salzwassereindampfung	143
8.2.4	Windschutzmaßnahmen	143
8.2.5	Wasserqualität und Sortenwahl	144
8.2.6	Ein realistisches Planziel	145
9	ZUSAMMENFASSUNG / SUMMARY	147
10	LITERATURVERZEICHNIS	151
11	ANHANG: ZUR METHODIK DER WASSERUNTERSUCHUNGEN	162
	BILDER	

VERZEICHNIS DER ABBILDUNGEN UND KARTENBEILAGEN

Abbildungen

1	Lageskizze des Arbeitsgebiets	5
2	Vereinfachte geologische Karte des Arbeits-gebiets, von HUBER (1972)	7
3	Profil der Bohrung 6 E-2 (Golemorti)	16
4	Profil der Bohrung 8 E-1 (Calanzohur)	17
5	Mittlere Luftdruckwerte der Station Iranshahr . .	25
6	Häufigkeit der Windrichtungen (Zahedan, Iranshahr, Chahbahar)	26
7	Verteilung maximaler Windgeschwindigkeiten auf Himmelsrichtungen (Iranshahr)	27
8	Räumliche Verteilung der Niederschläge, nach ARDESTANI (1973)	32
9	Klimadiagramm von Calanzohur, nach WALTER	36
10	Klimadiagramm von Iranshahr, nach WALTER	36
11	Verdunstungswerte der Station Iranshahr	38
12	Gang der relativen Luftfeuchte (Iranshahr, Bampur)	40
13	Abflußkurven des Bampur-rud beim Bampur-Damm . .	54
14	Abflußkurven des Halil-rud bei Jiroft	55
15	Generalisiertes Schema der Grundwasser-neubildung	63

16	Zur Theorie optimaler Grundwasserneubildung	70
17	Schema zur Bestimmung der Wasserqualität, aus RICHARDS et al. (1954).	80
18	Schematische Darstellung der Oase Bazman	84
19	Analysenwerte der Proben 1, 6, 11 u. 14 (Bazman)	86
20	Analysenwerte der Proben Z1, Z4, 209, 210 u. V3 . .	88
21	Analysenwerte der Proben 212, 213, 214, 215, 29 u. 24	90
22	Analysenwerte der Proben 20, 32, 205 u. 208	91
23	Analysenwerte einiger halbtiefer Brunnen (Calanzohur) und der Proben 105 u. 106	95
24	Analysenwerte einiger Tiefbrunnen (Calanzohur). . .	96
25	Analysenwerte der Proben 202, 203, 10 u. 11 sowie Bampur-rud	100
26	Zur Theorie der Salz- und Süßwasserfront, verändert nach NADJI-ESFAHANI (1971).	126
27	Wasserbedarf von Nutzpflanzen (in Veramin und Garmsar)	137
28	Wasserbedarf von Nutzpflanzen (in Bampur)	137

Kartenbeilagen

1	Räume gleicher Wasserqualität (nach ARDESTANI 1973)
2	Zur Diskussion der Wasserqualität um Calanzohur
3	Übersichtskarte des Arbeitsgebiets
4	Zonen der Grundwasserneubildung im Arbeitsgebiet

1 EINLEITUNG

1.1 Problemstellung und Zielsetzung

Das Forschungsprojekt in Südost-Iran wurde vom Geographischen Institut der Universität Würzburg durchgeführt. Ziel der Untersuchungen war es, einen sehr dünn besiedelten Raum Irans, das Djaz-Murian-Becken, in geologischer, geomorphologischer und hydrologischer Fragestellung zu untersuchen. Die Aufgabe des Verfassers bestand darin, die Beziehungen zwischen dem natürlichen Potential, dem Grad der Nutzung und den bisherigen Nutzungsformen aufzuzeigen. Darüber hinaus wurde versucht, unter Berücksichtigung der Möglichkeiten, die der Naturhaushalt bietet, Wege zu einer die natürlichen Ressourcen optimal in Wert setzenden Nutzung zu zeigen.

Durch Untersuchungen einer italienischen Firma (ITALCONSULT) sowie durch Beobachtungen von WEISE während einer Forschungsreise durch Südost-Iran war die Sonderstellung des Beckens in hydrologischer Hinsicht bereits bekannt. Der Einsatz konzentrierte sich deshalb darauf, die Verbreitung von Süß- und Salzwasserlinsen, die dieser Verteilung zugrunde liegenden Gesetzmäßigkeiten und die Modalitäten der Grundwasserneubildung aufzudecken.

Einige hydrologische Daten, die aufgrund von Pumpversuchen von einer iranischen Consulting-Firma (Ab-o-chak) erarbeitet worden waren, wurden - soweit erforderlich - in die vorliegende Studie mit einbezogen. Vor allem bei Fragen der Grundwasserneubildung, die nur mit Hilfe etlicher Pumpversuche zu klären waren, stütze ich mich auf die in persönlichen Gesprächen gewonnenen Aussagen von Dr. ARDESTANI, der Leiter dieser Gruppe war, sowie auf deren Abschlußreport von 1973.

Auf der Basis der erarbeiteten Kenntnisse über das Verteilungsmosaik von Süß- und Salzwasser ist es im folgenden das Anliegen der Arbeit darzulegen, inwieweit die Nutzung bereits an die natürlichen Verhältnisse angepaßt ist und in welchen Bereichen das Nutzungspotential bis heute noch nicht ausgeschöpft worden ist. Hierbei müssen sowohl der technologische Stand Irans als auch ethnologische Besonderheiten berücksichtigt werden.

Einige Teile der Arbeit, die sich nur randlich auf das zentrale Thema - die Klärung des Nutzungspotentials in Abhängigkeit von der Hydrologie - beziehen, mögen dem Leser, der mit den regionalen Verhältnissen nicht vertraut ist, den länderkundlichen Rahmen verdeutlichen. Darüber hinaus soll den Forschungsergebnissen von Weise und Schumacher nicht vorgegriffen werden.

Die Ungleichgewichtigkeit der Informationsvermittlung sowie der manchem sicherlich zu starke Kontrast der einzelnen Kapitel zueinander beruht auf dem thematischen Schwerpunkt der Arbeit.

Zum methodischen Vorgehen sei auf die Ausführungen in den entsprechenden Kapiteln verwiesen.

1.2 *Das Arbeitsgebiet*

Das Djaz-Murian-Becken ist ein im Südosten Persiens liegendes Endbecken, das im Norden durch ein Gebirgsmassiv mit dem höchsten Berg, dem Kuh-e-Bazman (3503 m), begrenzt wird. Dieses Massiv stellt die westliche Fortsetzung der Taftan-Erhebung dar und setzt sich nach Westen im Kuh-e-Djamal-Bariz fort. Im Süden wird das Djaz-Murian-Becken von den sogenannten "Ranges of Landward Makran" begrenzt. Sofern man im Osten von einer Begrenzung sprechen will, ist dies die "Ostiran-Belutsch-Kette". Im Südwesten wird das Djaz-Murian-Becken durch Höhen von 1500 m bis 2500 m, die aus Schichten der Kreide und des Jura bestehen, von der Straße von Hormuz getrennt.

Von den südlichen und nördlichen Gebirgen vermitteln Dashtflächen mit einer Nord-Süd-Ausdehnung bis zu 30 km zu den Ufern des Sees, der den tiefsten Teil des Beckens einnimmt. Im Süden sind diese Dashtflächen stellenweise von Sanddünen überzogen, die auf den nördlichen Dashtflächen nur vereinzelt zu finden sind. Der so eingerahmte zentrale Teil des Beckens, der See mit seiner offenen Wasserfläche, hat in seiner Nord-Süd-Erstreckung eine Ausdehnung von ca. 50 x 30 km (1500 km^2) in einer Höhenlage von 350 m. Die Entfernung vom östlichen zum westlichen Beckenrand beträgt ungefähr 300 km, von Norden nach Süden etwa 100 km.

Im Verlauf regenärmerer Jahre kann der See so austrocknen, daß man das Becken durchqueren kann. Dies zeigte DRESCH (1975) auf dem "Third Congress of Iranian Geographers" durch Bilder, die er im Verlauf einer Djaz-Murian-Durchquerung im Jahr 1968 gemacht hatte. Es gelang ihm damals, mit drei Geländewagen vom Typ Landrover das zu diesem Zeitpunkt trocken liegende Endbecken zu durchfahren.

Betrachtet man jedoch Luftbilder aus dem Jahr 1958, so ist genau der Umriß des Sees zu erkennen. Völlige Austrocknung, wie DRESCH sie im Jahr 1968 vorfand, ist nach Aussagen der Bevölkerung selten, da der See durch zwei größere Flüsse, den Halil-rud von Westen und den Bampur-rud von Osten, gespeist wird. Neben diesen beiden Flüssen, deren Wasser für umfangreiche Bewässerungskulturen im Raum der Städte Iranshahr und Bampur im Osten und Jiroft im Westen benutzt wird, erhält das Djaz-Murian-Becken auch durch etliche kürzere Flüsse von Norden und Süden Zufluß. Pegelmessungen liegen jedoch nur für den Halil-rud und den Bampur-rud vor (vgl. 4.4). Abflußganglinien der anderen Flüsse existieren nicht, und es wird auch nur in Gebirgsnähe möglich sein, sie zu ermitteln, da die Flüsse in einigem Abstand vom Gebirge auffächern und mehr flächenhaft als linienhaft dem Djaz-Murian zuströmen.

Verkehrsmäßig ist das Arbeitsgebiet schlecht erschlossen. Der See selbst ist ausschließlich mit dem Flugzeug zu erreichen. Vom Ausgangspunkt der Station Calanzohur bot sich uns jedoch die Möglichkeit, von Dalgan nach Jiroft auf einer selten benutzten Piste zu fahren, die allerdings nur in die Nähe einiger Randbereiche des Sees führte. Dies war der für uns seenächste Punkt.

Obgleich die Straßen im Bereich von Bampur, Calanzohur und Dalgan ebenso wie die Verbindung Calanzohur - Tanak dem Pistenzustand nach als schlecht zu bezeichnen sind, kann man auf sie nicht verzichten, da sie die einzigen Verbindungen in diesem Gebiet darstellen. Daneben sollte die Ende 1975 fertiggestellte Asphaltstraße zwischen Bam und Iranshahr erwähnt werden, die über Rigan und Bazman durchs Gebirge gebaut wurde und somit bei einer Fahrt von Bam nach Iranshahr den vorher längeren Weg über Zahedan abkürzt. Auch die Straße Zahedan - Iranshahr ist bis auf 70 km asphaltiert. Von Iranshahr wird noch an der Straße nach Sarbaz gebaut, um eine schnelle und wettersichere Verbindung nach Chahbahar zu gewährleisten. So läuft ein Großteil des Verkehrs zur Zeit noch über Bampur - Nikshar, was bei stärkeren Regenfällen an der Furt des Bampur-rud nach wie vor zu witterungsbedingten Verzögerungen führt.

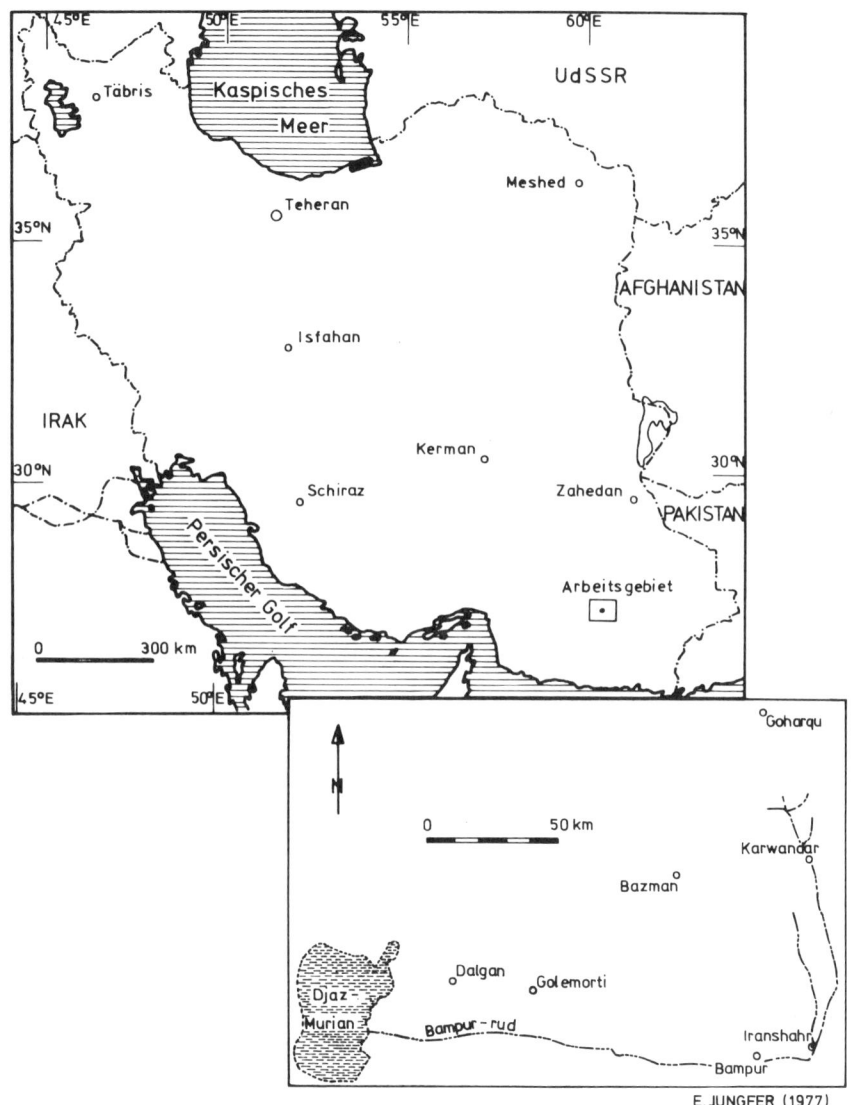

Abb. 1. Lageskizze des Arbeitsgebiets

2   GEOLOGIE

Das Bazman-Massiv liegt geologisch gesehen in der Fortsetzung einer vulkanischen Zone, die von Nordwestpersien nach Südosten reicht. Die Städte Yazd, Anar und Kerman liegen in ihrem östlichen Randbereich. Dieser Streifen, reich an Cu-, Pb-, Zn-, Ba-Vorkommen, wird Urmiah-Dukhtar-Zone oder auch Volcanic Belt genannt. Dieses Gebiet liegt also zwischen dem "Zentraliranischen Kern" im Osten und dem Zagrosgebirge im Westen. Nach PILGER (1971, S. 20) ist die Urmiah-Dukhtar-Zone durch Spannungen zwischen dem bereits in der Kreide konsolidierten Kern und dem in Faltung begriffenen Zagrosgebirge entstanden. Chronologisch gesehen fällt dieses Ereignis in die gleiche Zeit wie die Zerreißung des Lutblocks und der Bazman-Masse[1], nämlich an die Wende Kreide - Paläogen. Über den Bruch schreibt HUBER (1972, S. 43) folgendes: "In consequence of the Middle Alpine Tectonic Phase .... the Lut Block and Bazman Mass collapsed, were marginally dissected by fault systems and ripped apart along a northwest-southeast striking tension zone, along which great masses of mainly andesitic lavas, pyroclastics and tuffs were extruded, followed by the intrusion of diorite and granodiorite plutons."

2.1   *Paläozoische Gesteine*

Wie auf der geologischen Karte zu sehen ist, nehmen die paläozoischen Kalke und Dolomite vor allem am Gebirgsrand größere Flächen ein[2]. Diese paläozoischen Kalke (Permo-Karbon und undiffe-

---

[1] Die Bazman-Masse liegt dort, wo sich heute das Djaz-Murian-Becken befindet, ist also nicht mit dem Bazman-Massiv identisch.
[2] Bei den im nordwestlichen Teil des Kartenblatts eingezeichneten Kreidevorkommen kann es sich auch um paläozoische Kalke handeln, die nur oberflächlich anders verwittern und daher auf den Luftbildern, nach denen HUBER diesen Raum kartierte, anders erschienen.

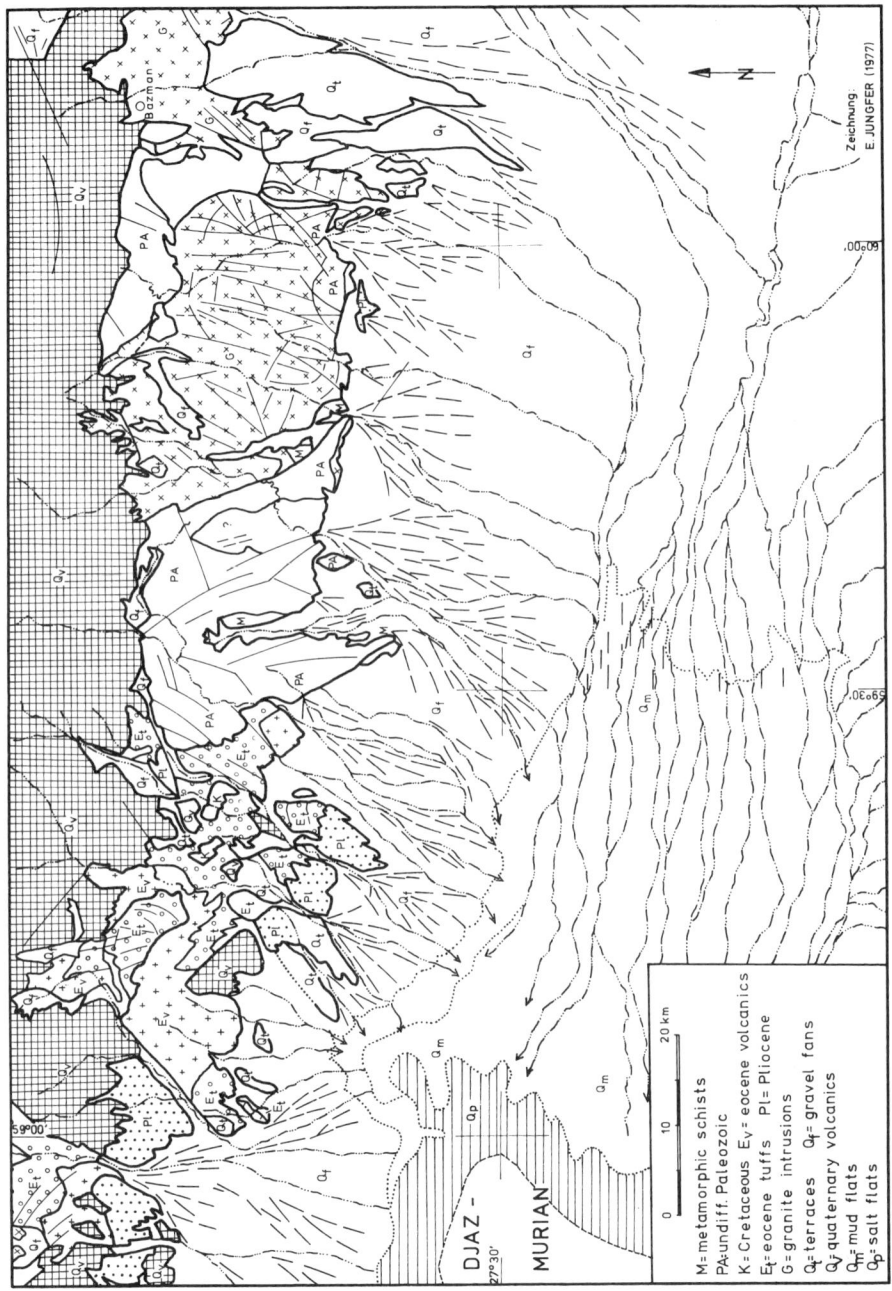

Abb. 2. Vereinfachte geologische Karte des Arbeitsgebiets, nach HUBER (1972)

renziertes Paläozoikum) sind durch den von HUBER (1972, S. 66) erwähnten Granitstock (südwestlich Bazman flächenhaft aufgeschlossen) tektonisch derartig beansprucht, daß wir zahlreiche Verwerfungen, viele Arten von Falten, ja sogar Schlingenbau finden konnten. Von ARDESTANI (1973) wird diesen Kalkstöcken hydrologisch wenig Bedeutung beigemessen, da er sie für fast völlig dolomitisiert ansieht.

Für eine Verkarstungsfähigkeit spricht jedoch das durch Fusulinen und andere Fossilien belegte hohe Alter der Gesteine ebenso wie seine tektonische Beanspruchung. Deswegen prüften wir im Gelände einige Kalkschotter aus dem Bachbett von Lady und Golemorti mit Alizarin S und Bromphenolblau auf ihren Dolomitgehalt (s. SCHNITZER 1967, S. 31f.). Laborergebnisse bestätigten später diese Geländeanalysen dahingehend, daß bei den paläozoischen Gesteinen vorwiegend Kalke und erst in zweiter Linie Dolomite vertreten sind[1]. Eine mengenmäßige Zuordnung kann nicht vorgenommen werden, da bisher zu wenig Untersuchungen vorliegen. Bei Beobachtungen ergaben sich allerdings viele Beweise, die für eine größere Verkarstung der Kalkstöcke sprechen. So wurden neben kleineren Lösungsspuren, Napf- und Trittkarren auch größere Halbhöhlungen gefunden, die immerhin so groß sind, daß Menschen bei Regen oder Sturm darin Schutz finden können (s. Bild 4).

Abgesehen von den morphologischen Beweisen, die die Verkarstung belegen, sprechen dafür auch die Quellen, die aus diesen Gesteinen entspringen.

Neben den Kalken und Dolomiten sind im Arbeitsgebiet metamorphe Schiefer vorhanden, die auch ins Paläozoikum gestellt werden. Im

---

1) Das Verhältnis von Kalzium zu unlöslichem Rückstand schwankte bei diesen Proben zwischen 1 : 2 bis 1 : 5. Der Magnesiumanteil lag jedoch bei allen von mir untersuchten Proben unter 0,1 %.

Gebirge stehen sie im Einzugsgebiet des Kahur-rud an, weiche Formen bildend und gleichmäßig durchfeuchtet, von einer schütteren Grasdecke überzogen. Ihr räumliches Ausmaß ist jedoch begrenzt. Da Quellen in den metamorphen Schiefern in der Schüttung unter 1 l/sec liegen, soll dieses Gestein nur der Vollständigkeit halber erwähnt werden.

2.2 *Granit- und Granodioritintrusion*

Das Alter der erwähnten Plutonite wurde von CONRAD und GIROD[1] (1977) untersucht. Aus vier Messungen ergab sich eine miozäne Altersstellung (24,3 - 12,9 Mio. Jahre). Da die Erstarrungstiefe bei 4 km bis 0,5 km liegen soll, muß der Pluton demnach dicht unter der Oberfläche erstarrt sein. Die ältesten datierten Laven (oligo-/miozänes Alter, 37,7 - 16,9 Mio. Jahre) wurden im Kontakt zum Pluton metamorphisiert und von Gängen durchschlagen (CONRAD u. GIROD 1977).

Wie auf der geologischen Karte von HUBER (1972) dargestellt wurde, nehmen Granit und Granodiorit große Flächen ein. Abgesehen vom Raum Bazman ist er auch im Gebiet um Ab-e-garm sowie westlich von Sorgah vertreten und zieht sich am südlichen Gebirgsrand in einem schmalen Streifen weiter nach Westen. Bei Kluftmessungen in Bazman traten Häufungen in den Bereichen 5 - 7°, 25°, 35°, 42 - 47°, 53 - 55°, 135° und 140 - 147° auf. Das Maximum mit ca. 20 % aller Klüfte liegt bei 87 - 100° mit einer Spitze bei 95°. Die meisten der Klüfte fallen steil zwischen 70° und 85° nach Süden ein. Wenn neben diesem so reichhaltigen Kluftspektrum auch noch größere Harnischflächen - durch Straßenbau freigelegt - vorhanden sind, so deutet dies auf eine tektonische Beanspruchung im Granit hin, die gute Wasserwegsamkeit als Folge nach sich ziehen kann (vgl. 4.5.4). Dies muß auch angenommen werden, da z.B. in der Oase Bazman etliche Brunnen bei heftigem Niederschlag zu karstähnlichen Speilöchern (funktional gesehen) werden, wie sie aus

---

[1] CONRAD und GIROD (1977, S. 60), Manuskript.

Poljen in Jugoslawien bekannt sind.

Da Granit und Granodiorit nicht so stark gehoben worden sind, finden wir in diesem Bereich keine größeren Höhenunterschiede (s. Bild 2). Dies wäre jedoch Voraussetzung für stärkere Quellschüttung. Vorhandene kleine Quellen werden durch das Wasser gespeist, das in paläozoischen Kalken gebildet worden ist.

Im Gegensatz zu humiden Gebieten, wo wir bei Quellen, die aus dem Granit entspringen, fast durchweg minimal mineralisiertes Wasser erwarten können, ist die Wasserqualität in diesem Gebiet sehr unterschiedlich. Dort, wo Niederschlagswasser über Störungen in den Granit intrudieren kann, liefert er gutes Trinkwasser. An anderen Stellen jedoch dringt stark mineralisiertes, sulfat- und chloridreiches Wasser durch den Granit nach oben, so daß die aus dem Granit entspringenden Quellen größtenteils nicht landwirtschaftlich nutzbar sind. Eine Trinkwasserversorgung mit diesem Wasser ist völlig undenkbar (vgl. 4.5.4 u. 5.6).

Die mineralische Zusammensetzung, die HUBER (1972, S. 66) als "a hornblende-biotite granite with large alkali-feldspar phenocrysts and with periferal tonalitic, granodioritic and granitporphyric composition" beschrieb, kann ebenso wenig wie die Salze der ins Paläozoikum gestellten Hormuzserie für den Mineralgehalt der Wässer verantwortlich zeichnen (vgl. FÜRST 1970). Es scheint eher, als ob der Granit ein Wasserdurchgangsgestein für postvulkanisch austretende Wässer ist. Die Existenz vieler Thermen in diesem Gebiet deutet jedenfalls darauf hin (vgl. 4.5).

2.3   *Tuffe*

Chronologisch wurden von HUBER (1972) zwei Arten von Tuff unterschieden. Der eine, eozäner Tuff, steht am südlichen Gebirgsrand an. Die Piste Lady - Hudejan führt durch dieses Gebiet. Der andere Tuff wird an die Wende Plio-/Pleistozän gestellt. Im Gegensatz zum eozänen Tuff, der auf der geologischen Karte von HUBER einge-

zeichnet ist, erscheint der plio-/pleistozäne auf der Karte gar
nicht, da er fast überall von Lavadecken oder Schottern dieser
Decken überlagert wird. Aber gerade dieser Tuff, der nahezu überhaupt kein Wasser aufnehmen kann, spielt die entscheidende Rolle
in der hydrogeologischen Fragestellung des Gebirges, da er z.T.
den Vulkan Kuh-e-Bazman aufbaut und nach eigenen Beobachtungen
mengenmäßig das bedeutendste Gestein ist (s. Bild 5).

Beim plio-/pleistozänen Tuff handelt es sich um einen gelblich-
fleischfarbenen vulkanischen Tuff, der überwiegend in sandig-
staubiger Fazies, lokal aber auch als Steintuff, ausgebildet ist.
SCHUMACHER stellte in der glasigen Grundmasse amorphes Eisen,
Bruchstücke von Alkalifeldspäten, Plagioklas mit polysyntheti-
schen Zwillingslamellen und mechanisch stark beanspruchte Bruchstücke von Quarz fest.

Nordwestlich von Bazman kommt an einer Stelle Tuff in Verbindung
mit bimsartigen Strukturen vor. Da der Verdacht auf ein anders-
artiges Verhalten dieses Tuffs bezüglich seiner Wasseraufnahmefähigkeit bestand, wurde je ein kiloschweres Handstück entnommen
und im Feldlabor mehrere Stunden in Wasser gelegt. Der Tuff in
Normalfazies zeigte beim anschließenden Wiegen keine Gewichts-
zunahme. Das andere Handstück mit bimsartigen Strukturen wies
dagegen ein um etwa 12 % höheres Gewicht auf. Die Wasseraufnahmefähigkeit wäre hydrologisch bedeutsam, wenn es sich bei diesem
Gestein nicht um ein isoliertes Vorkommen handeln würde.

Für die relative Wasserundurchlässigkeit der Tuffe (s. unten)
sprechen zudem Beobachtungen an einem Bewässerungsgraben im Tal
des Kahur-rud (500 m östlich von Punkt V3). Der Graben wurde an
einer steilen Wand in einer Rinne geführt, die in den Tuff ge-
schlagen worden war. Da durch diesen Graben das Wasser abgeleitet
wird, das bei der Quelle P V3 austritt, ist dieser Graben nicht
nur periodisch, sondern permanent geflutet. Trotzdem war am Fuß
der Wand keine Vernässung zu finden, die auf Wasserversickerung
im Gestein hingedeutet hätte. Einzelne vorhandene feuchte Stellen

beruhten auf überlaufendem Wasser.

Daher soll hier festgehalten werden, daß im plio-/pleistozänen Tuff keine Hohlräume zu finden sind. Klüfte, die als Wasserleitbahnen in Frage kämen, sind zwar vorhanden, jedoch nicht in dem Maße, daß dem Tuff eine wassertragende Funktion zukäme. Dort, wo Quellen im Tuff entspringen (vgl. 4.5.1), handelt es sich um Störungen, durch die Wasser austritt, das in anderen Gesteinen gehalten worden war.

2.4 Tertiäre und quartäre Laven

Nach CONRAD und GIROD (1977) haben die ältesten Lavaströme (Typ Faraj) an der Basis des Kuh-e-Bazman oligo-/miozänes Alter (vgl. 2.2). Darüber liegen differenzierte Lavaströme und flächenhafte Ergüsse von tholeitischen Basalten, Andesiten, Daziten und Rhyodaziten, die im Mio-/Pliozän ausgeflossen sind (14,8 - 5,6 $\pm$ 1,4 Mio. Jahre). Die jüngsten Gesteine, Dazite und Rhyodazite, bilden den Bazman-Gipfel. Sie werden ins Pleistozän gestellt (1,8 $\pm$ 0,9 und jünger).

Hydrologisch bedeutsam sind vor allem die mio-/pliozänen Laven. Ein Teil dieser Laven, nach SCHUMACHER vorwiegend mit andesitischem bzw. trachy-andesitischem Charakter, bildet die Decke, die über den vulkanischen Tuffen liegt. Kennzeichen dieser Andesite ist eine porphyrische Struktur mit großen Einsprenglingen von Alkalifeldspat und Hornblende. Besonders auffallend ist der Zonarbau der Feldspäte. Diese Laven, die über das vorgegebene Relief geflossen sind, erreichen in den ehemaligen Tälern größere Mächtigkeiten und schließen oftmals zwischen sich und den unterlagernden Tuffen Schotterpakete ein (z.B. Tal des Kahur-rud nordwestlich Nachlestan).

Beim Austritt des Kahur-rud aus dem Gebirge durchbricht dieser die Kalke in einer Engstelle. Hier liegt Andesit einige Dekameter über Normalhöhe auf den Kalken, so daß wir annehmen müssen, daß sich die Hebung der Kalke nach dem letzten flächenhaften Erguß der Andesite weiter fortsetzte. Durch Bestimmung des genauen Höhenabstands sowie des Gesteinsalters wäre die Hebung zeitlich und räumlich noch zu quantifizieren.

Bei der Wasserscheide zwischen Bazman-rud und Kahur-rud im Gebirge sind die Kalke von den Laven dagegen nicht überflossen worden. Aufgrund der Höhe, die sie damals bereits erreicht haben müssen, blockten sie die Ergüsse ab und bewirkten so ein Ausweichen der Laven nach Westen.

Vom hydrologischen Standpunkt aus kommt diesen Andesiten Bedeutung zu, da sie geklüftet sind. Ihre daher rührende Fähigkeit zur Wasseraufnahme und die Tatsache, daß sie über dem plio-/pleistozänen Tuff liegen, dessen wasserstauende Eigenschaften oben beschrieben wurden, bekräftigen ihre hydrologische Bedeutung.

Kleine, bläschenartige Hohlräume, die beim Abkühlen der Schmelze entstanden sind, haben allerdings keine Bedeutung für die Wasserführung. Sie sind stets isoliert und scheiden damit für Wassertransport bzw. -speicherung aus. Transport und Speicherung kann sich nur in den Klüften vollziehen.

Nach der Altersdatierung von CONRAD und GIROD (1977) wäre auch Wassertransport in Laven denkbar, die unter oder zwischen dem plio-/pleistozänen Tuff liegen. Für ein Auftreten von Laven im Liegenden der Tuffe konnten bisher keine Beweise gefunden werden.

Südlich von Bazman erwecken die Schotter der Andesitdecke den Eindruck, daß die Laven dort weiter verbreitet sind, als dies in Wirklichkeit der Fall ist. Auch am südlichen Gebirgsrand sind die Dashtflächen von andesitischen Schottern übersät. Da Frost in diesen Gegenden fast nie vorkommt, benötigen diese Schotter lange Zeiträume, bis sie zerkleinert sind, zumal die Dashtflächen bei Schichtfluten nur noch partiell überflossen werden. Darüber hinaus sind diese Andesitschotter, die teilweise noch 40 cm

Durchmesser haben, vor allem für die schlechte Wegsamkeit der Dashtflächen verantwortlich.

2.5   *Miozäne Beckenablagerungen*

Am südlichen Gebirgsrand sind graue, grüne und braune Ton-, Mergel- und Sandsteine aufgeschlossen, die sich pedimentartig in einem 10 km breiten Streifen längs des Gebirges unter den quartären Ablagerungen hinziehen. Grus- und Feinkiesschichten, gut erhaltene Biotite und weitere Ablagerungen der oben erwähnten Gesteine weisen das Gebirge als Liefergebiet für diese Schichten aus. WEISE und SCHUMACHER, die diese Sedimente untersuchten, fanden Fossilien (Gastropoden, Ostrea u.a.), die auf ein miozänes Alter schließen lassen. In Gebirgsnähe und längs der Flüsse, wo die Schichten gut aufgeschlossen sind, fallen sie mit $30°$ - $40°$ nach Süden ein. In einer Entfernung von 10 km (vom Gebirge) tauchen diese Schichten, zusehends söhliger werdend, ab und erlauben dem Quartär dadurch, an Mächtigkeit zu gewinnen. In der Subsequenzzone liegen die Ablagerungen in einer Tiefe von durchschnittlich 60 m. Die größte Tiefenlage wird in einer Rinne bei Golemorti mit 147 m erreicht (ARDESTANI 1973).

Die geringe Tiefenlage und das steile Einfallen der Schichten in Gebirgsnähe ist nur dadurch zu erklären, daß die ehemals söhligen Beckenablagerungen bei der Hebung des Gebirges mitgenommen, unterschiedlich stark gehoben und dabei schräg gestellt und gekappt worden sind.

Hydrologische Bedeutung gewinnen diese miozänen Ablagerungen aufgrund ihrer wasserstauenden Eigenschaften (Aquiclude), die durch den Tongehalt (Montmorillonit) der Ablagerungen bedingt sind.

2.6 *Quartäre Ablagerungen*

Die quartären Ablagerungen bestehen, wie die Bohrungen aus dem Bereich von Golemorti (6 E-2) und Calanzohur (8 E-1) zeigen, vorwiegend aus Feinsand, Mittelkies und Schluff. Ton, Schotter oder Blöcke sind nur wenig oder gar nicht zu finden. Die Mächtigkeit dieser Sedimente ist am Gebirgsrand gering, da die wasserstauenden miozänen Ablagerungen pedimentartig unter dem Quartär liegen. Sie betragen nach WEISE z.B. bei Miguleh zwischen 2 und 10 m.

In Hinblick auf die hydrologische Fragestellung ist wichtig zu erwähnen, daß die Flüsse in Gebirgsnähe meist über die volle Mächtigkeit des Quartärs bis aufs Miozän eingeschnitten sind, so daß sich das in Gebirgsnähe versickerte Wasser aufgrund des hydraulischen Gradienten im Quartär nicht halten kann und in die größeren Flüsse abfließt (vgl. 4.7). Mit zunehmender Gebirgsdistanz wird das Quartär mächtiger. Die Ablagerungen tragen hier den Charakter eines ganzjährig wassergefüllten Aquifers und stehen damit im Gegensatz zu den Ablagerungen in Gebirgsnähe, die im Sommer kein Wasser enthalten. Dies wird durch gebirgsnahe Brunnen belegt, die im Sommer trockenfallen.

Als jüngste Bildungen des Quartärs sind Dünen und phreatische Hügel anzusprechen. Diese liegen im Unterabschnitt der Dasht und reichen bis in die Subsequenzzone. Hydrologische Bedeutung kommt diesen Formen insofern zu, als hier Niederschlag aufgrund der Porosität direkt, d.h. ohne Umweg über den Abfluß, einsickern und bis zum Grundwasserspiegel gelangen kann. Dies ist im oberen Teil der Dasht nicht möglich (vgl. 4.7).

- 16 -

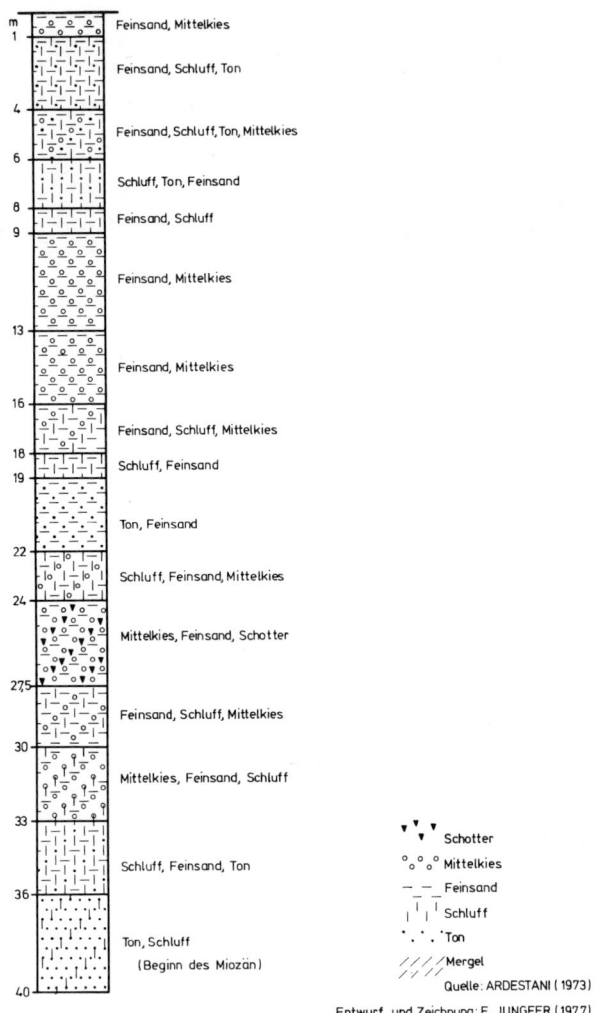

Abb. 3. Profil der Bohrung 6 E-2 (27°29'N/ 59°27'E)
bei Golemorti

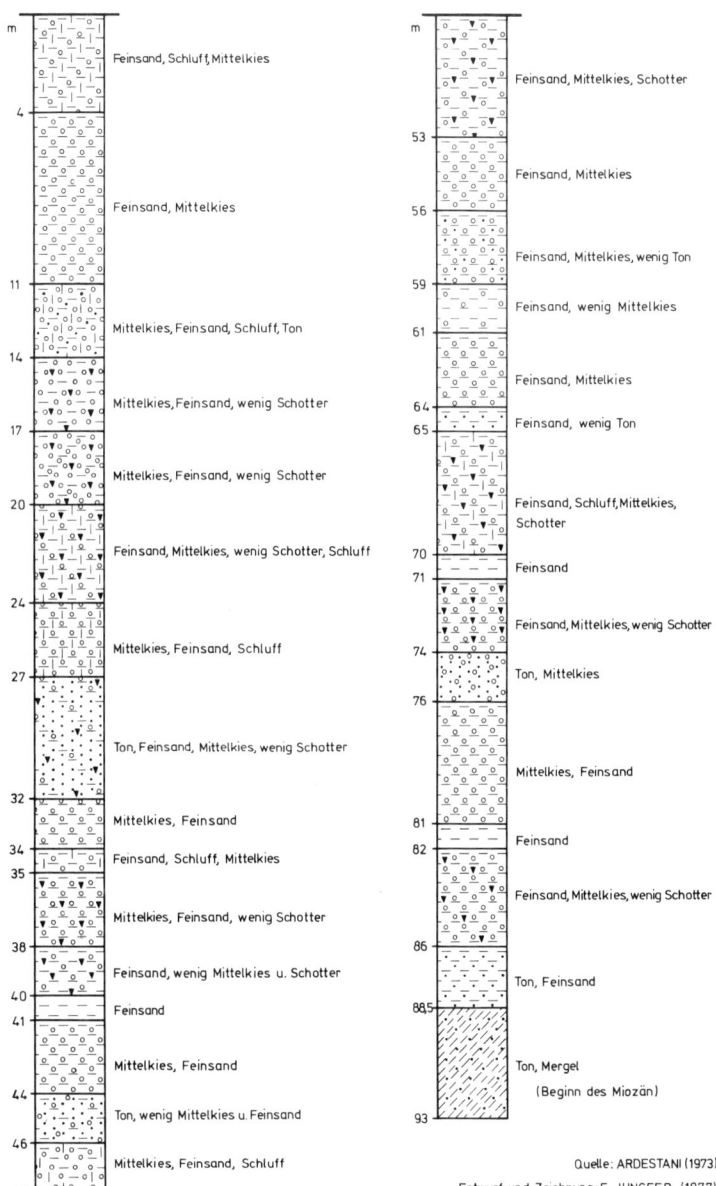

Abb. 4. Profil der Bohrung 8 E-1 (27°26'N/ 59°35'E)
bei Calanzohur (Legende s. Abb. 3)

Die hydrologischen Eigenschaften des Quartärs werden durch Transmissivität (T-Wert)[1] und Speicherkoeffizient (S-Wert)[2] genauer charakterisiert, als dies mit Bohrungen allein möglich ist.

Die T-Werte liegen nach ARDESTANI (Plan 6-16) hauptsächlich in der Größenordnung von 3×10^{-3} m²/sec bis 5×10^{-2} m²/sec. Höhere Werte, wie sie nordwestlich von Chah Alvand mit $9,5 \times 10^{-2}$ m²/sec errechnet wurden, deuten bei gleicher Aquifermächtigkeit auf eine höhere Durchlässigkeit hin. Der niedrigste Wert wurde bei $1,8 \times 10^{-3}$ m²/sec erreicht. Nachdem kein Wert unter 10^{-3} m²/sec liegt, wird damit die Aussage der Bohrungen gestützt, daß der Anteil an tonigen Ablagerungen gering ist.

Aus dem Bereich von Iranshahr liegen höhere T-Werte vor. Die Transmissivität liegt dort nicht unter Werten von 10^{-2} m²/sec. Erst unterhalb von Bampur, beim Bampur-rud, sind sehr niedrige Werte von 10^{-4} m²/sec und 10^{-5} m²/sec gemessen worden.

Wasservorräte können im allgemeinen am besten abgeschätzt werden, wenn der Speicherkoeffizient (S-Wert) bekannt ist. Im Arbeitsgebiet liegen die S-Werte in der Größenordnung von $1,1 \times 10^{-2}$ bis $1,8 \times 10^{-3}$, vereinzelt niedriger. Der niedrigste Wert wurde mit $7,7 \times 10^{-4}$ bei der Bohrung (8 E-1) nordöstlich von Calanzohur gemessen.

---

1) Transmissivität ist eine Größe, die die Durchflußrate durch einen Querschnitt mit der Länge 1 und der Höhe (Mächtigkeit) des Aquifers bei einem hydraulischen Gefälle von 1 angibt. Die Dimension m²/sec (m²/Std. oder m²/Tag) läßt sich am besten dadurch erklären, daß der T-Wert das Produkt ist aus Durchlässigkeitsbeiwert, der die Dimension einer Geschwindigkeit (m/sec) trägt und der Mächtigkeit des Aquifers in Metern (m).
2) Der Speicherkoeffizient (S-Wert) beziffert die Wassermenge, die von einer Säule (im Aquifer) mit dem Grundriß 1 x 1 m bei der Erniedrigung der Grundwasseroberfläche um einen Meter freigegeben wird.

Im Vergleich mit dem Aquifer von Iranshahr schneidet der von Dalgan auch bezüglich der S-Werte schlechter ab. Bei Iranshahr wurden Werte zwischen 7×10^{-2} und 21×10^{-2} errechnet. Das bedeutet, daß in einem m^3 quartärer Aufschüttung ein nutzbarer Porenraum von 10 % bis 20 % vorhanden ist. Im Arbeitsgebiet beträgt der nutzbare Porenraum nur 1 % bis 2 ‰.

Man könnte bei diesen niedrigen S-Werten auf einen Aquifer mit gespannter Grundwasseroberfläche[1] schließen. Dies ist jedoch aufgrund von Ergebnissen der Bohrungen, die den geringen Anteil toniger Ablagerungen belegen, relativ unwahrscheinlich.

---

[1] Bei Aquiferen mit gespannter Grundwasseroberfläche erreicht der Speicherkoeffizient Werte von 5×10^{-3} bis 5×10^{-5}.

3   DAS KLIMA

3.1   *Das Klima des iranischen Hochlands*

3.1.1 Luftdruck und Windverhältnisse

Für die klimatischen Verhältnisse des Hochlands von Iran sind die Verteilung von Land und Meer sowie der Einfluß der Breitenlage die bestimmenden Elemente. So ist im Winter über der großen asiatischen Landmasse hoher Druck mit Werten von 1035 mb im Zentrum von Ost-Turkestan zu beobachten, der sich fingerförmig nach Westen über Anatolien, Armenien und Iran ausdehnt. Über die Karpaten und Alpen hat diese Antizyklone Verbindung mit dem Azorenhoch.

Im Gegensatz zu dieser großen Hochdruckzelle liegen über den im Winter wärmeren Gebieten, den größeren Wasserflächen, Zentren niederen Drucks. Diese Druckerniedrigung beträgt beim Kaspischen Meer und beim Persischen Golf nach BAUER (1935, S. 404) jedoch nur 1 - 2 mb. Der Druckunterschied zum Schwarzen Meer und zum östlichen Mittelmeer beträgt dagegen ca. 3 - 5 mb. Für Iran ergibt sich somit ein von Norden nach Süden abnehmendes Druckfeld. Folglich hat die Luftzirkulation vornehmlich vom Land zum Wasser gerichtete Tendenz. Dieser Strom kalter kontinentaler Luft, der sich aus den beschriebenen Druckverhältnissen ergibt, ist im Winter klimatisch bestimmend für Iran. Schneebedeckte inneriranische Hochgebirge, wie das Zagrosgebirge, können zweifellos auch als Quellgebiete kalter, trockener Luftmassen angesehen werden. Das Abströmen dieser Luftmassen ist jedoch vorwiegend gegen den Persischen Golf gerichtet. Belegt wurde dies durch die bei den Stationen Bushir und Jask gemessenen Windgeschwindigkeiten. Die mittlere Windgeschwindigkeit wurde von BAUER (1935, S. 408) mit 4 bzw. 4,4 m/sec angegeben und liegt über inneriranischen Vergleichswerten.

Die Umstellung auf die Druckverhältnisse des Sommers vollzieht sich bereits im März. Vor allem die tiefer liegenden Becken erwärmen sich rasch, und der Druckgradient, der im Winter zwischen dem Persischen Golf und Nordost-Persien noch 12 mb betrug, nimmt derart ab, daß eine Druckerniedrigung von 8 - 10 mb über Innerasien zu beobachten ist. Über dem Mittelmeer und dem Persischen Golf dagegen kann keine Druckzunahme festgestellt werden.

Wenn im Sommer die innerasiatische Antizyklone abgebaut ist, kommt die klimatische Bedeutung des Kaspischen Meeres, das im Winter nur geringe Druckerniedrigung über seinem südlichen Teil verursachte, entscheidend zur Geltung. Es befindet sich nämlich mit 1012 mb über dem Meer ein Hochdruckgebiet, dem Zentren niederen Drucks im Südwesten (Khuzistan) und in Südost-Belutschistan gegenüberstehen. Diese Gebiete niederen Drucks werden unter anderem durch die starke Erhitzung der südlichen Landmasse Irans verursacht. Der Luftdruck sinkt um ca. 20 mb von 1014 mb im Winter auf 994 mb im Sommer. Diese Sommerzyklone ist neben Belutschistan auch für Mesopotamien, den Omangolf und Nordwest-Indien bestimmend. Das Zentrum der Sommerzyklone liegt also nicht an der gleichen Stelle, wo die Antizyklone des Winters zu finden war, sondern weiter südlich, nämlich über Nordwest-Indien. Entsprechend der Druckverteilung haben wir also ebenso wie im Winter ein von Norden nach Süden gerichtetes Feld an Luftströmungen. Der entscheidende Unterschied zwischen Winter- und Sommerdruckfeld liegt jedoch darin, daß der Druckgradient über Iran, der im Winter nur 12 mb betrug, im Sommer auf 18 mb ansteigt, was einen weit heftigeren Austausch an Luftmassen nach sich zieht (vgl. STRATIL-SAUER 1952a, S. 25 u. 1952b sowie STRATIL-SAUER und WEISE 1974, S. 16).

Wie schon aus der Luftdruckverteilung über Iran zu sehen ist, herrschen in Iran Winde aus nördlicher Richtung vor. Hindernisse in Form von Gebirgen werden in der Regel durch Stau der Luftmassen überwunden. Da das Nord-Süd-Druckgefälle im Sommer größer ist, tritt in dieser Jahreszeit auch eine wesentlich dauerhaftere und heftigere Luftströmung auf.

Von den benannten Winden Irans ist der "Wind der 120 Tage" (Bad-o-sad-o-bist-ruz) der bekannteste. Er herrscht vor allem in Seistan. Seine Entstehung verdankt er den Druckunterschieden über Iran ebenso wie der Shamal, der als Nordwest-Wind das Tal des Tigris und Euphrat abwärts weht. Beide Windströmungen treten so regelmäßig im Sommer auf, daß sie von der Bevölkerung schon erwartet werden.

Neben diesen beiden Hauptströmungen soll noch der "Zalan" erwähnt werden, da er das Arbeitsgebiet betrifft. DJAVADI (1966, S. 13) schreibt dazu folgendes:
"Le vent Zalan, de Kermanchah se dirige vers le Lorestan où il provoque de chutes de neige dans les montagnes; il se dirige ensuite vers le Khouzestan et le Golfe Persique. En arrivant au détroit d'Hormoze, une partie va vers le Nord (Djazmourian, Bampour et Iran Chahr)."
Diese Luftströmung ist nach DJAVADI (1966) nur eine Abspaltung vom Shamal.

3.1.2 Zyklonale Tätigkeit und Niederschläge

Vor allem im Winter und Frühjahr ist mit dem Austausch von Luftmassen eine stärkere Niederschlagstätigkeit verbunden. Nach dem Zugstraßensystem, das WEICKMAN (zitiert nach BAUER 1935, S. 414) entwickelt hat, sind es vor allem die Vd-Minima, die die Niederschläge des iranischen Hochlands bringen. Die Druckstörungen, die auf der Zugstraße Vd nach Osten wandern, teilen sich vor dem anatolischen Hochland, wobei ein Teil der Minima auf der Straße Vd1 über das Schwarze Meer nach Osten weiter zieht. Der für Iran bedeutsamere Anteil wandert auf der Straße Vd2 südlich der anatolischen Halbinsel in Richtung auf die Syrisch-Arabische Platte oder ins Euphrat-Tigris-Gebiet bis zum Persischen Golf. Dieses

Vordringen nach Osten ist jedoch nur möglich, wenn die Zyklone stark genug ist, den Hochdruckrücken im Oberlauf des Euphrat-Tigris-Gebiets zu durchbrechen. Sieht man von den Niederschlägen in der Kaspiniederung und vereinzelten Monsunvorstößen in Südost-Iran ab, dann sind die so wandernden Druckstörungen die einzigen Regenbringer Irans. Im Mittel dringen etwa 33 Tiefs pro Jahr gegen das Hochland von Iran vor. Diese Zahl stellt jedoch nur einen Durchschnittswert dar. Läßt die Zyklonentätigkeit im Mittelmeer nach, dann sind auch über Iran weniger Druckstörungen zu beobachten. Diese Abhängigkeit von den Verhältnissen im Mittelmeer schafft große Unsicherheit bezüglich der aus der Zyklonentätigkeit folgenden Niederschläge.

Von der Zunahme der Frühjahrsniederschlagstätigkeit über dem iranischen Hochland darf nicht auf eine Zunahme der Zyklonenwanderung geschlossen werden, obwohl dies bei geringerem Druckgradienten möglich wäre. Vielmehr ist die Niederschlagstätigkeit eine Folgeerscheinung von Gewittern, letztlich durch die Aufheizung der tiefer liegenden Becken bedingt. Es sind daher vornehmlich Konvektionsniederschläge.

Für Belutschistan werden die Verhältnisse noch unsicherer, da die Intensität der Zyklonenwanderung oftmals nicht ausreicht, um auch den Süden mit entsprechenden Niederschlägen zu versorgen. Andererseits ist es gut möglich, daß ganz Iran ein Trockenjahr erlebt, Belutschistan dagegen normale oder stärkere Niederschläge erfährt, wie es 1970 der Fall war. Dies geschieht dadurch, daß Druckstörungen, die durch die Euphrat-Tigris-Senke nach Südosten vorstießen, über den Persischen Golf nach Osten weiterwandern und den südlich gelegenen Gebieten Regen bringen. Von der Niederschlagstätigkeit über Zentraliran kann also nicht ohne weiteres auf Belutschistan geschlossen werden.

Räumlich betrachtet unterliegen die Niederschläge Irans großen, orographisch bedingten Unterschieden. Die höchsten Werte wurden bisher am Kaspischen Meer von der Station Pahlavi mit 1950 mm gemessen (GANJI 1968, S. 234). Die südlich davon liegenden Teile des Elbursgebirges dürften jedoch Niederschläge über 2000 mm erhalten. Weiterhin werden von BOBEK (1952, S. 69) für die Gebirge der Nordwest-Provinz Azerbeidschan in einigen Höhenlagen durch Extrapolieren Niederschlagswerte von über 1000 mm angenommen. Auch im Zagrosgebirge westlich von Isfahan werden über 1000 mm gemessen (Station Kurang, 2650 m, zitiert nach EHMAN 1973, S. 27). Setzt man in Rechnung, daß das Gebiet noch heute vergletschert ist (PREU 1976), dann dürfte in den Gebirgsgegenden um den Zardekuh (4200 m) noch mit weit höheren Niederschlägen zu rechnen sein. Letztlich beruht der ganze Wasserreichtum der Flußoase Isfahan sowie die Schiffbarkeit des Karun auf den hohen Niederschlägen in diesem Gebiet.

Von diesen oben geschilderten Zentren höchster Niederschläge finden wir - allgemein betrachtet - eine Niederschlagsabnahme gegen Osten und nach Süden. Die niedrigsten Werte wurden nach GANJI (1968, S. 235) von der Grenzstation Mirjaveh an der pakistanisch-iranischen Grenze gemessen. Bedauerlicherweise liegen aus den großen Depressionen (Große Kewir, Lut) bzw. ihren Randgebieten keine Niederschlagsmessungen vor, da die geringen Niederschlagsmengen, die zudem außergewöhnlich selten fallen, menschlichen Aktivitäten keine Basis bieten (STRATIL-SAUER 1952a; DRESCH 1968). Hier unterschreiten die Niederschläge sicherlich noch den bisher tiefsten Durchschnittswert der Station Mirjaveh (48 mm).

3.2 Das Klima im Arbeitsgebiet

3.2.1 Luftdruck und Windverhältnisse

Im Arbeitsgebiet selbst liegt nur eine synoptische Station, Iranshahr. Aus den Meßwerten ist die starke Abnahme des Luftdrucks von Januar bis Juli/August zu sehen. Die Luftdruckdifferenz beträgt ca. 18 mb und ist wohl übertragbar auf das ganze Arbeitsgebiet.

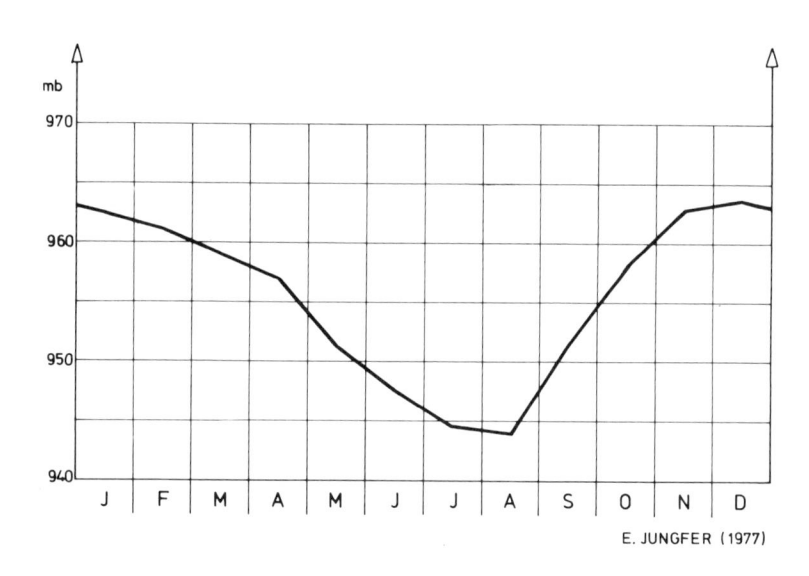

Abb. 5. Mittlere Luftdruckwerte der Station Iranshahr[1], $27°12'$ N/$60°42'$ E, Höhe 570 m, aus dem Jahr 1970[2]; Werte in Millibar (mb)

Aufgrund der allgemeinen Ausführungen zu den Windrichtungen Irans sind auch für den Bereich der Südlichen Lut Winde aus vorwiegend nördlichen Richtungen zu erwarten. Die Messungen der Station

---

[1] Reduziert man die Werte auf Meeresniveau, so ergibt sich für Januar ein Wert von 1020,6 mb, für August 1002,3 mb. Der Augustwert liegt um ca. 6 mb höher, als GANJI (1968, S. 216) angenommen hat.

[2] Quelle: Meteorological Yearbook (1970)

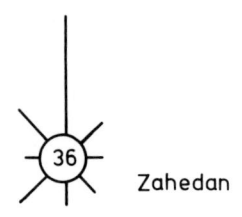

```
           Zahedan

           Iranshahr

           36  Windstille in %
           ⊢10%⊣ Häufigkeitsmaßstab

           Chahbahar
```

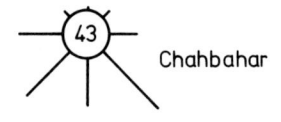

Quelle: ARDESTANI (1973)   Zeichnung: E. JUNGFER (1977)

Abb. 6. Prozentuale Häufigkeiten der Windrichtungen
von Zahedan, Iranshahr und Chahbahar

Zahedan bestätigen dies. Im Gegensatz dazu sind die Winde, die die weiter südlich liegende Station Iranshahr mißt, weit gleichmäßiger auf alle Himmelsrichtungen verteilt (vgl. Abb. 6). Die Küstenstation Chahbahar registriert dagegen vorwiegend Winde aus südlicher Richtung, was aufgrund ihrer Lage am Persischen Golf verständlich erscheint.

- 27 -

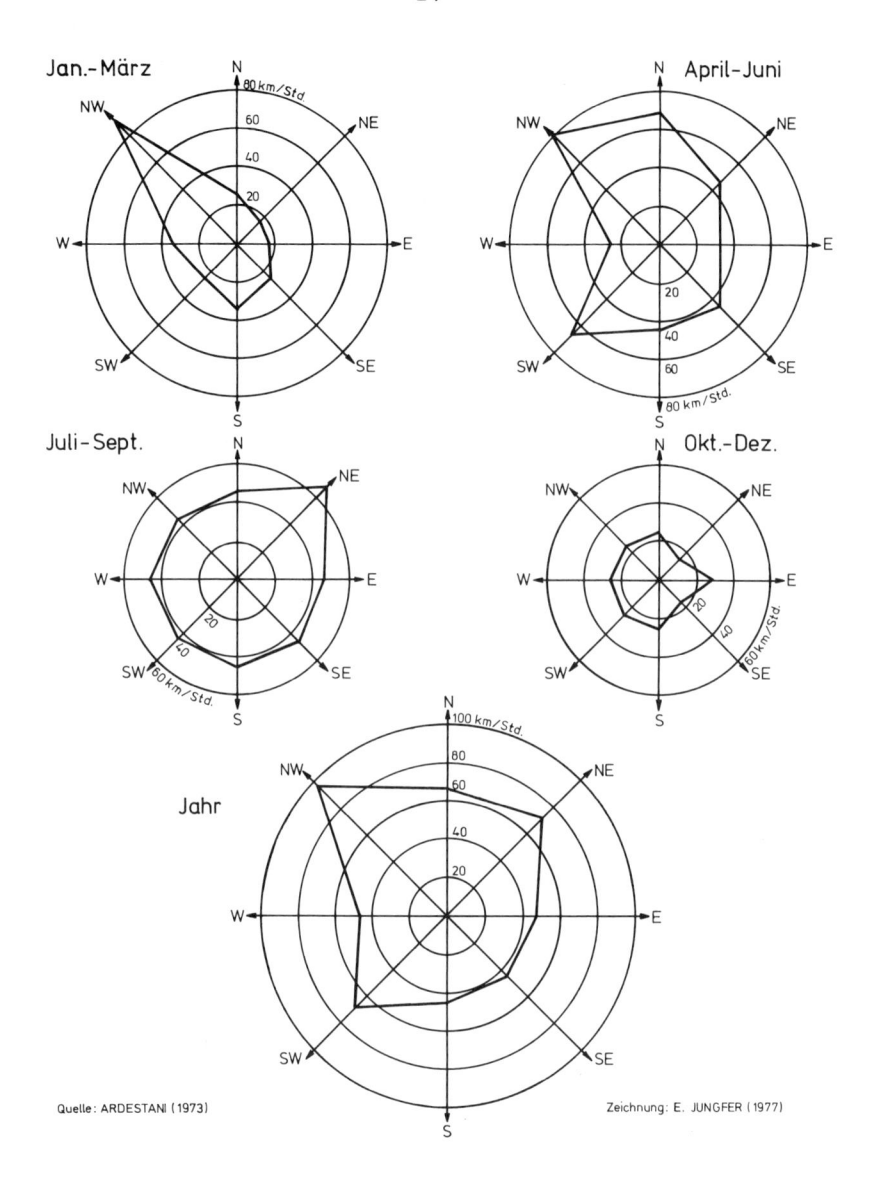

Abb. 7. Verteilung maximaler Windgeschwindigkeiten
auf Himmelsrichtungen (Iranshahr)

Bedeutender als die prozentuale Windhäufigkeit ist jedoch die
Windstärke, über die dreijährige Messungen von der Station
Iranshahr vorliegen. In den Monaten Januar, Februar und März do-
minieren vor allem Stürme aus nordwestlicher Richtung. Hier werden Geschwindigkeiten von nahezu 100 km/Std. erreicht (vgl. Abb.7).
In den Monaten April, Mai und Juni wird die maximale Windgeschwindigkeit bei 80 km/Std. gemessen, wobei mehr Winde aus Südwesten
bzw. Norden auftreten. Später im Jahr (Juli, August, September)
wird dann die maximale Geschwindigkeit aus Nordosten registriert.
Sie liegt jedoch unter 70 km/Std. Bei allen weiteren Windrichtungen werden 50 km/Std. nicht überschritten. Im Oktober, November
und Dezember liegen die maximalen Windgeschwindigkeiten während
des Beobachtungszeitraums nicht über 30 km/Std.

Auf das ganze Jahr bezogen, fällt die herausragende Stellung der
Windgeschwindigkeiten aus nordwestlicher Richtung auf. Diese Nord-
west-Stürme sind es auch, die der Landwirtschaft im Arbeitsgebiet
den größten Schaden zufügen. DJAVADI (1966, S. 13) beschreibt die
Folgen dieser Stürme:

".....ces vents n'ont pas une action bienfaisante mais provoquent,
au contraire, des tempêtes de poussière. Le vent enlève une quan-
tité énorme de sable et la transporte dans les régions lointaines.
Ces poussières enlevées d'un champ et entassées sur un autre champ,
ruinent les agriculteurs d'un seul coup."

Durch solch einen "Schlag" wurden auch im Frühjahr 1976 auf der
staatlichen Landwirtschaftsfarm in Calanzohur (vgl. 7.2) die Gur-
ken- und Tomatenpflanzungen vollständig zerstört.

3.2.2 Niederschläge im Arbeitsgebiet

Bevor auf die Niederschlagsdaten der Stationen rund um das Djaz-
Murian-Becken eingegangen wird, muß darauf hingewiesen werden, daß
es sich bei den vorliegenden Daten nicht um langjähriges meteoro-
logisches Material handelt. Fehler entstehen außerdem unvermeidbar,

da die Meßgeräte nicht in der Lage sind, den Niederschlag zu messen, der auf die Fläche fällt, die sie einnehmen. In der Regel muß infolge der Starkregen mit einer Unterbewertung von 20 - 30 % gerechnet werden. Im Gebirge kann der Wert noch höher ausfallen[1].

Somit erscheint eine relativierende Betrachtungsweise mit vorsichtiger Interpretation der Klimadaten für das Djaz-Murian-Becken unbedingt notwendig.

In den Tabellen 1a und 1b sind die mittleren monatlichen Niederschlagsdaten der wesentlichen Stationen des Arbeitsgebiets zusammengestellt. Iranshahr und Bampur sind repräsentativ für die Dasht.

Tab. 1a: Mittlere monatliche Niederschläge der Stationen Iranshahr, Bampur, Espake und Karwandar während der Meßperiode 1967 - 1972 (in mm)

Monat	Karwandar 1065 m 27°51' N 60°48' E	Iranshahr 570 m 27°12' N 60°42' E	Bampur 506 m 27°12' N 60°27' E	Espake 800 m 26°50' N 60°10' E
Jan.	30,8	28,3	22,4	19,3
Febr.	26,3	19,7	9,8	23,5
März	13,8	12,5	9,7	13,5
April	11,7	1,6	3,4	5,0
Mai	1,6	0,6	1,2	1,3
Juni	0,5	2,4	- -	0,5
Juli	4,0	8,9	1,8	17,2
August	7,5	5,8	6,3	0,4
Sept.	1,3	7,4	- -	0,7
Okt.	0,4	- -	- -	- -
Nov.	0,9	- -	- -	1,4
Dez.	5,4	3,7	5,5	3,1
Jahr	104,2	90,9	60,1	85,9

1) Vgl. dazu RAINBIRD (1967, S. 13) und HAVLIK (1969, S. 9 ff.)

Abgesehen von den Stationen Espake und Chanef, die im südlichen Beckenrandbereich liegen, ist bei allen Meßstationen der Januar der niederschlagsreichste Monat. Von Januar bis Mai/Juni an ist eine kontinuierliche Abnahme der Niederschläge zu verzeichnen. Dadurch wird die im Frühjahr abnehmende Zyklonenwanderung erkennbar. Ein weiterer Unterschied zu iranischen Stationen in vergleichbarer Höhenlage besteht darin, daß im Djaz-Murian-Becken Sommerniederschläge fallen. Sie treten zwar nicht regelmäßig auf; wenn sie aber fallen, dann um so heftiger. Die Ursache dieser Sommerniederschläge liegt in vereinzelten Monsunvorstößen, die aus orographischen Gründen dem weiter nördlich liegenden Djaz-Murian-Becken größere Niederschlagsmengen bringen als der Station Chahbahar, die an der Makranküste liegt.

Tab. 1b: Niederschlagsdaten der Stationen Khash, Chahbahar und Chanef während der Meßperiode 1967 - 1972

Monat	Khash 1400 m $28°13'/61°12'$	Chahbahar 8 m $25°12'/60°31'$	Chanef 1100 m $26°39'/60°30'$
Jan.	38,1	50,1	43,3
Febr.	28,6	16,3	44,0
März	8,8	10,9	24,3
April	8,5	6,3	11,7
Mai	1,2	- -	6,2
Juni	0,9	0,1	5,3
Juli	0,8	8,1	27,0
Aug.	5,8	3,7	4,3
Sept.	- -	- -	4,8
Okt.	- -	- -	- -
Nov.	0,6	3,8	2,5
Dez.	19,1	4,4	8,5
Jahr	112,4	103,7	181,9

Wenn man bedenkt, daß die Gegend um den Kuh-e-Taftan (4042 m), die östliche Fortsetzung des Bazman-Massivs, nur ca. 120 mm Niederschlag bekommt, die Gegend um Chanef (1100 m) dagegen ca. 180 mm, dann wird der Einfluß der Monsunvorstöße deutlich. Sie scheinen sich in der Gegend um das Djaz-Murian-Becken nach dem vorliegenden Material zu erschöpfen. Schon die Messungen von Khash (1400 m, Tab. 1b) und Karwandar (1065 m, Tab. 1a) zeigen dies. Wie STRATIL-SAUER (1937, S. 309 ff.) sowie RAMASWAMY (1965, S. 177 ff.) zeigen, dringt der Monsun nur in Ausnahmefällen weiter nach Norden vor. Die Station Zahedan z.B., Endpunkt der iranisch-pakistanischen Eisenbahnlinie, registriert nach DJAVADI (1966, S. 95) vom Monat Mai bis August im längerjährigen Mittel keinen und im September verschwindend geringe Mengen Niederschlag. Auch die in der südlichen Lut in der Provinz Kerman gelegene Station Bam (29°04'/58°24') erhält in den Monaten Juli - Oktober keine Niederschläge.

Mit großer Vorsicht läßt sich nach den gegebenen Niederschlagsdaten und der Orographie eine Karte zeichnen, wie dies ARDESTANI (1973) getan hat (vgl. Abb. 8). Die Linien geben, teilweise auf punkthafter Messung beruhend, teilweise interpoliert, die räumliche Anordnung unterschiedlicher jährlicher Niederschlagsmengen wieder. Deutlich ist die Abnahme zum Beckeninneren zu sehen[1].

Auf dem Gipfel des Kuh-e-Bazman[2] fällt ein Teil des Niederschlags in Form von Schnee. Dieser Umstand soll hier nur kurz erwähnt werden (vgl. 4.4).

---

[1] DJAVADI (1966, S. 62) hat auf der Niederschlagskarte Irans am östlichen Rand der Djaz-Murian-Wasserfläche drei Signaturen eingezeichnet (von 0 bis 300 mm). Ich halte das für einen Druckfehler, da es bis jetzt keine Angaben gibt, die eine solche Annahme rechtfertigen.

[2] Im Frühjahr 1976 wurde in Bazman ein Niederschlagsmeßgerät installiert.
In der westlich Bampur auf 400 m liegenden Ortschaft Golemorti (27°28'/59°19') wurde 1972 eine klimatologische Station eingerichtet. Werte liegen nicht vor.

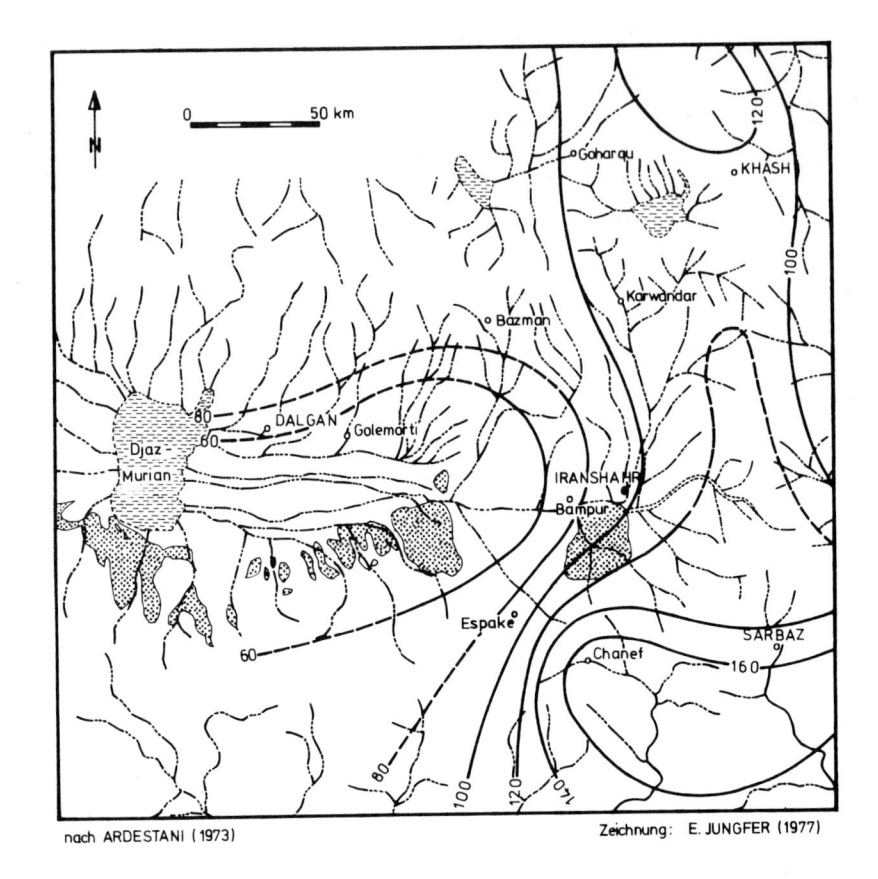

Abb. 8. Räumliche Verteilung der Niederschläge,
nach ARDESTANI (1973)

3.2.3. Temperaturen

Wie BOBEK (1952, S. 77) in seiner klimaökologischen Gliederung
Irans bereits gezeigt hat, liegen große Teile der Provinz Seistan-
Belutschistan in der wärmsten Region, dem sog. Garmsir (dt.: war-
mes Land). Zur Abgrenzung dieser Zone wählte BOBEK die Dattelpalme,
die nur gelegentliche, kurze Fröste verträgt. Die Kältegrenze dieser Palme hat BOBEK (1952) bei ca. 1500 m rund um das Djaz-Murian-
Becken angenommen. Wir müssen also bei dieser Höhenlage der gesi-
cherten Dattelkultur mit hohen Temperaturen im Beckeninneren rechnen. Die durchschnittlichen Monatstemperaturen der drei Stationen

Bampur (506 m), Iranshahr (570 m) und Karwandar (1065 m) wurden in Tab. 2 zusammengestellt. Die ebenfalls in der Tabelle enthaltenen Vergleichswerte der Station Calanzohur beziehen sich nur auf den Meßzeitraum von Mai 1975 bis April 1976.

Tab. 2: Monatliche Mittelwerte der Temperaturen (1967 - 1972) der Stationen Karwandar, Iranshahr und Bampur sowie einjährige Reihe der monatlichen Mittelwerte der Station Calanzohur (alle Angaben in °C)

Monat	Calanzohur 412 m	Bampur 506 m	Iranshahr 570 m	Karwandar 1065 m
Jan.	14,0	11,7	14,7	10,4
Febr.	14,0	14,4	16,9	11
März	18,2	19,5	21,9	12
April	23,4	23,9	26,7	19,4
Mai	32,3	30,2	32,7	25
Juni	34,9	33,7	36,9	28,8
Juli	36,3	34,8	37,3	29,8
Aug.	35	33,7	35,8	29
Sept.	31,6	29,1	31,7	24,5
Okt.	25,8	25	27,3	21,1
Nov.	19,2	18	21	17
Dez.	14,7	15,2	16	10,8
Durchschnitt	24,9	24,1	26,6	19,9

Für Calanzohur wird deutlich, daß es sich hier um ein ausgesprochen heißes Klima handelt, bei dem die jährliche Durchschnittstemperatur 24,9°C erreicht. Die durchschnittliche monatliche Temperatur des wärmsten Monats liegt mit 35 bzw. 37°C um 10 - 12°C darüber.

Die Vergleichswerte der Station Karwandar sind entsprechend der Höhenlage (1065 m) niedriger. Vor allem setzt hier die Vegetations-

periode etwa einen Monat später ein als in den tiefer liegenden
Gebieten von Bampur und Iranshahr.

Bei einer Betrachtung der Klimadaten von Tab. 2 fällt besonders
auf, daß die Station Iranshahr mit einer Höhenlage von 570 m im
Durchschnitt um 2,5°C höhere Temperaturen mißt als die Station
Bampur, die mit einer Höhenlage von 506 m 64 m tiefer liegt. Erklären läßt sich dies nur durch lokale Faktoren; denn es dürfte
unbestritten sein, daß es von den höheren Randlagen zum Becken-
tieferen hin wärmer wird. Im Meteorological Yearbook 1970 liegen
auch die Durchschnittswerte von Iranshahr unter denen von Bampur.
Man könnte die Werte als falsch ansehen, wenn nicht ARDESTANI
(1973) Iranshahr ebenfalls wärmer dargestellt hätte. Trotzdem
muß gesagt werden, daß hier ein Irrtum beim "Iranian Meteorological Service" nicht völlig auszuschließen ist.

Die Werte der Station Calanzohur wurden im Jahr 1975/76 gemessen,
das sich durch hohe Niederschlagswerte von den zu erwartenden
Durchschnittswerten abhebt. Im langjährigen Mittel dürften die
Temperaturwerte vor allem im Frühjahr höher ausfallen, die Niederschläge dagegen geringer. Da die Station Calanzohur die einzige im Zentrum des Arbeitsgebiets liegende Station ist, soll auf
diese Werte, obwohl sie nur eine kurze Meßperiode beinhalten,
näher eingegangen werden. Aus Tab. 3 sind die durchschnittlichen
monatlichen Maxima, Minima und die Niederschläge zu ersehen.

Die Differenz zwischen der Summe der Maxima und Minima liegt bei
17° - 19°C. Nur im Februar und März zur Zeit der großen Früh-
jahrsniederschläge betragen die Werte 13°C bzw. 12°C. Das absolute Minimum wurde am 29.12.1975 mit 0°C erreicht, das absolute Maximum am 22.7.1975 und 12.8.1975 mit 48°C.

Die diskutierten Werte von Calanzohur sind in einem Klimadiagramm
dargestellt (vgl. Abb. 9). Da sie in einem außergewöhnlich feuch-
ten Jahr gemessen wurden, soll das nach dieser nur einjährigen
Meßperiode gezeichnete Diagramm von Calanzohur mit dem von

Tab. 3: Durchschnittliche monatliche Maxima, Minima (in °C) und Niederschläge (in mm) der Station Calanzohur

Monat	Maximum	Minimum	Niederschlag
Jan.	22,7	5,3	9,1
Febr.	20,7	7,4	82,2
März	24,4	11,9	42,9
April	32	14,9	22,9
Mai	42,3	22,4	- -
Juni	44,8	25,1	- -
Juli	45,1	27,6	- -
Aug.	43,5	26,5	12,5
Sept.	40,4	22,9	- -
Okt.	34,8	16,7	- -
Nov.	28,6	9,8	- -
Dez.	23,4	6,1	2,5
Jahr			172,1

Iranshahr (vgl. Abb. 10) verglichen werden. Bei Iranshahr treten im fünfjährigen Mittel keine humiden Monate auf, wie sie in dem angesprochenen Ausnahmejahr bei Calanzohur vorkommen. Im langjährigen Mittel dürften humide Monate auch bei Calanzohur wegfallen, da wir aufgrund der Höhenlage mit Niederschlagswerten rechnen müssen, die unter den Werten von Bampur liegen (ca. 60 mm). Der monsunbedingte Sommerniederschlag dürfte allerdings erhalten bleiben. In den Frühjahrsmonaten muß mit noch höheren Temperaturen gerechnet werden, da die temperaturerniedrigende Wirkung der Niederschläge mit deren Rückgang geringer wird.

Nachdem im Arbeitsgebiet solch extreme Temperaturen auftreten, soll in diesem Zusammenhang im Rahmen der allgemeinen Fragestellung kurz auf die Wirkung des Klimas auf den Anbau hingewiesen werden. Nach den oben angegebenen Werten wäre zu erwarten, daß z.B. die Dattelpalmkulturen der Oasen Bazman (1000 m) und Hudejan (1250 m) durch Frost Schaden nehmen. Bei entsprechenden Be-

- 36 -

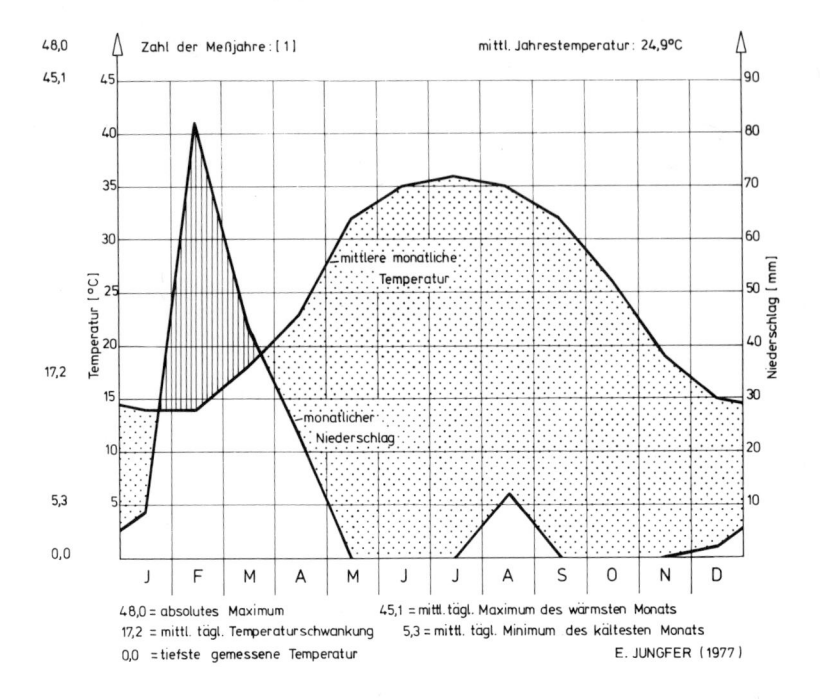

Abb. 9. Klimadiagramm von Calanzohur, nach WALTER

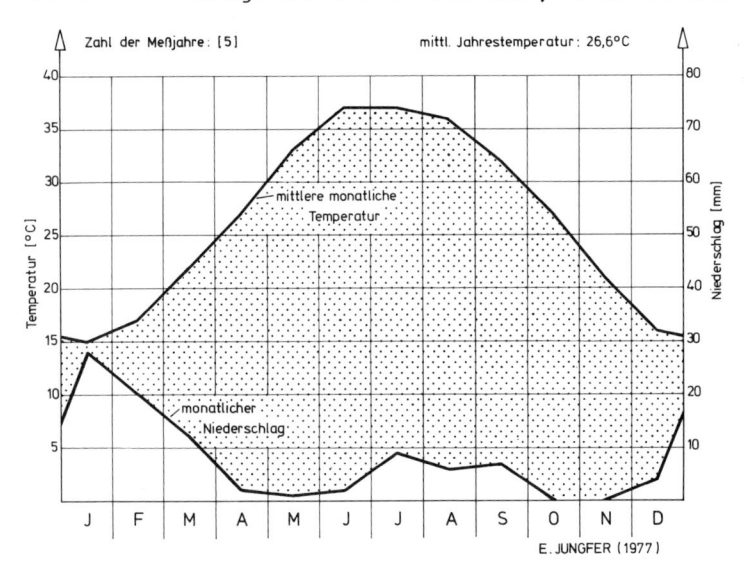

Abb. 10. Klimadiagramm von Iranshahr, nach WALTER

fragungen gaben die Bauern an, daß ab und zu Fröste vorkämen - für die Bauern an der Eisbildung in den Bewässerungsgräben ersichtlich -, diese aber den Dattelkulturen bzw. den Agrumen bis jetzt noch nie Schaden zugefügt hätten.

Zweifellos stellen neben solchen tiefen Temperaturen auch sehr hohe Temperaturwerte einen Risikofaktor für die Pflanzen dar, da das Wasserleitgewebe (Xylem) bei einigen Kulturpflanzen nicht in der Lage sein kann, den zur Transpiration notwendigen Wasserstrom aufrecht zu halten.

Temperaturen über 40°C, wie sie in Calanzohur von Mai bis September täglich vorkommen, haben nicht nur auf die Pflanzen in Form der thermischen Anbaugrenze einen negativen Einfluß, sondern sie wirken sich auch leistungshemmend auf die Aktivitäten des Menschen, vor allem in der Landwirtschaft, aus.

3.2.4   Verdunstung und Luftfeuchtigkeit

Vor der Beschäftigung mit den Verdunstungsmessungen ist vorauszuschicken, daß es sich bei dem Meßgerät um eine "Class A Pan"[1] handelt, die allgemein in Iran gebräuchlich ist. In Iranshahr, der einzigen Station im Arbeitsgebiet, die Verdunstungswerte mißt, steht das Gerät innerhalb des städtischen Bebauungsareals in einem typisch iranischen Innenhof, der durch hohe Mauern umschlossen ist. Wind hat somit nur stark abgebremst die Möglichkeit, von der offenen Wasserfläche Wasserdampf abzuführen. Neben der Einstrahlung ist vor allem aber der Wind das entscheidende Moment bei der Ver-

---

1) Dies ist ein Becken mit einem Durchmesser von 1,21 m (47,5 in) und einer Tiefe von 25,5 cm. Es steht auf einem Holzgerüst so hoch über dem Boden, daß Tiere nicht daraus trinken können. Die Wasserfüllung reicht bis 5 cm unter den Rand. Das verdunstete Wasser wird nachgefüllt und dabei gemessen.

dunstung. Zu diesem Ergebnis führten jedenfalls eigene Messungen in Bazman. Die Verdunstungswerte der Station Iranshahr (s. Abb.11), bezogen auf deren freie Umgebung, liegen deshalb viel zu niedrig und haben nur stadtklimatische Bedeutung.

Nachdem von FAO-Experten (FAO 1975a, S. 9) für die Stadt Jiroft[1], die auf einer Höhe von 668 m am Halil-rud liegt und ein kälteres Klima hat, 3000 mm Verdunstung im Jahr angenommen werden, kann man für die Umgebung von Iranshahr mit Werten von 3300 - 3400 mm pro Jahr rechnen.

In Richtung Bampur nimmt die Verdunstung selbstverständlich ab, da infolge der Seenähe eine höhere Luftfeuchtigkeit gegeben ist.

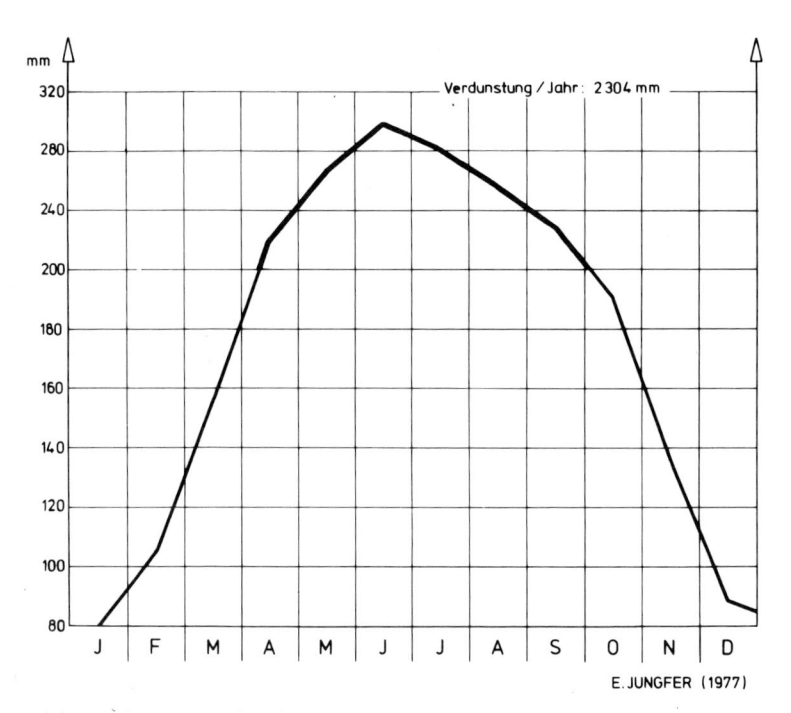

E. JUNGFER (1977)

Abb. 11: Monatliche Verdunstungswerte der Station Iranshahr (ab 200 mm Ordinate halbiert)

---

1) Jiroft = Sabsevaran, 28°37' N/57°46' E

In Abb. 12 ist der Jahresgang der relativen Luftfeuchte von 1966
bis 1972 für die Stationen Iranshahr und Bampur dargestellt. Wie
aus den Diagrammen zu entnehmen ist, werden - bedingt durch die
niedrigeren Temperaturen - die höchsten Werte im Winter erreicht.
Der monsunale Zustrom feuchter Luftmassen ist vor allem am Diagramm von Bampur (1969 und 1970) deutlich zu erkennen. Setzt man
in Rechnung, daß bereits auf der kurzen Strecke von Iranshahr
nach Bampur (etwa 20 km) eine Zunahme der relativen Luftfeuchte
von 33,2 % auf 38,2 % im Jahresdurchschnitt errechnet wurde, so
kann man ermessen, welchen klimatischen Belastungen der Mensch in
Seenähe ausgesetzt ist.

3.2.5   Klimaklassifikation

Eine Klassifizierung des iranischen Klimas auf der Basis einiger
ausgewählter Stationen wurde von DEHSARA (1973, S. 393 f.) nach
DE MARTONNE[1] durchgeführt. Er berechnete die Ariditätsindizes
für das feuchte Jahr 1968 und das trockene Jahr 1970, um den Kli-
mawechsel zu erfassen. Im trockenen Jahr 1970 geht DEHSARA für die
Station Iranshahr von einem Niederschlag von "135,3 mm" (!) aus
(laut Meteorological Yearbook nur 66 mm) und kommt damit dennoch
zu einem Koeffizienten von 3,6. Trotz seines ungewöhnlich hohen
Ausgangswertes paßt dieser errechnete Koeffizient in den Bereich
0 - 10 für aride Gebiete. Für 1968 (das feuchte Jahr) geht er von
einem Niederschlag von 25,7 mm aus und erhält einen Koeffizienten
von 0,7. Für das gleiche Jahr wird für Bampur und Mirjaveh 1,7,
für Karwandar 4,8 errechnet. Im längerjährigen Mittel ergibt sich
nach den oben angeführten Daten für Iranshahr ein Wert von 2,5,
für Bampur 1,8. Durch diese niedrigen Werte kommt der Trockenge-
bietscharakter des Landes deutlich zum Ausdruck.

---

1) Formel von DE MARTONNE: $M = \dfrac{N}{T + 10}$, wobei
    N = Niederschlag in mm
    T = mittlere Jahrestemperatur in °C ist.

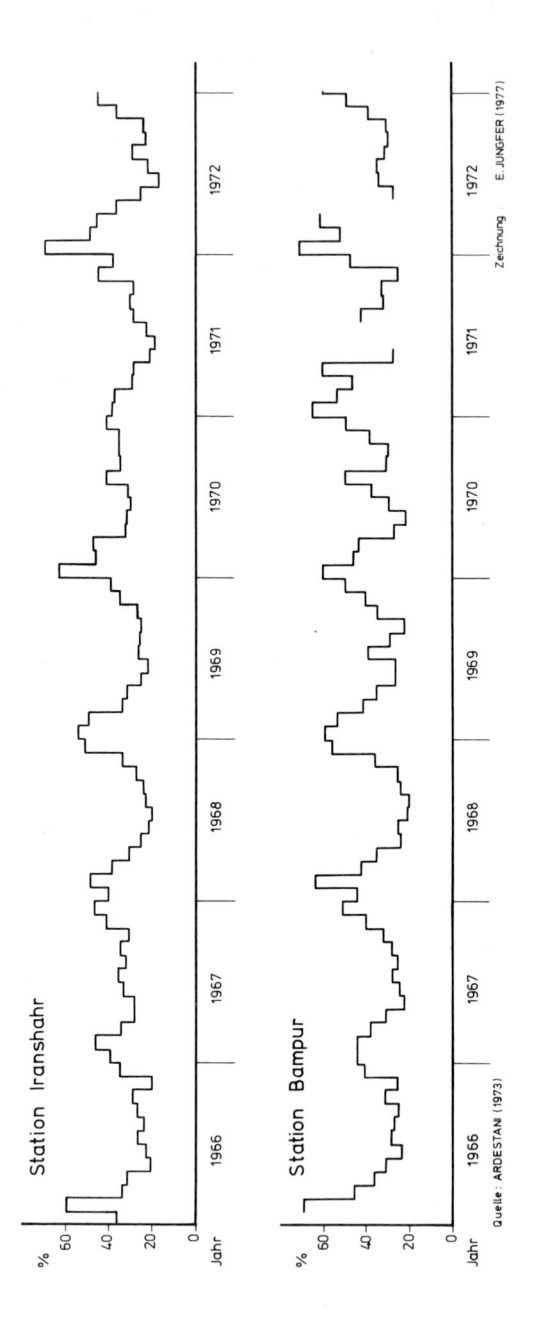

Abb. 12. Gang der relativen Luftfeuchte (Iranshahr, Bampur)

Klimatisch aussagekräftiger erscheint jedoch eine Eingliederung nach dem KÖPPENschen Schema. Danach würde man dem Djaz-Murian-Becken die Symbole "BWh" zuordnen. Es handelt sich also um ein Wüstenklima, bei dem die mittlere Jahrestemperatur über 18°C liegt.

Vergleicht man das Djaz-Murian-Becken mit anderen Räumen Irans, so erweist es sich als eines der aridesten, in dem noch menschliche Aktivitäten zu verzeichnen sind.

4   HYDROLOGIE

Neben dem Klima und der Geologie ist zum Verständnis der hydrologischen Situation eine Betrachtung der Morphologie des Arbeitsgebiets notwendig, da die Morphologie neben ihrem Einfluß auf die erste Phase des hydrologischen Kreislaufs, den Niederschlag, auch auf die weiteren hydrologischen Phasen mitentscheidend wirkt. Bei einer groben Gliederung kann man das Arbeitsgebiet in drei morphologische Großformen aufteilen:

Das Gebirge, die erste Großform, erhält temporär durch starke Niederschläge eine größere Wassermenge, als es infolge seines steilen Gefälles aufnehmen kann. Der in Richtung Dasht einsetzende Abfluß beruht auf diesen "überschüssigen Wassermengen", die das Gebirge nicht halten kann. Der Dasht, der zweiten Großform, steht dieses Überschußwasser neben einem Niederschlagsanteil von unter 100 mm zum Teil zur Verfügung. Sie gibt jedoch einen großen Teil des gesamten Wassers, das weder genutzt wird noch durch kapillaren Anstieg zur Oberfläche und damit zur Verdunstung gelangt, an die dritte Großform, das Endbecken (Hamun-e-Djaz-Murian)[1], ab. Wir bezeichnen dieses Wasser als Verlustwasser, weil es im See nutzlos verdunstet; hiermit schließt sich der hydrologische Kreislauf. Zweifellos darf dieser Kreislauf nicht zu schematisch aufgefaßt werden, da Wasser auch bereits im Gebirge oder auf den Dashtflächen verdunsten kann. Ja sogar während des Regens kann der Niederschlag verdunsten, ohne die Erdoberfläche zu erreichen. Kurzschlüsse im hydrologischen Kreislauf sind also überall möglich und finden auch statt.

---

[1]   Hamun = See, glatte Oberfläche, Ebene

4.1 Das Gebirge

Wie bereits erwähnt, spielt das Gebirge durch seine Funktion als Regenfänger eine hydrologisch bestimmende Rolle. Abgesehen vom Vulkankegel des Kuh-e-Bazman, der 3503 m Höhe erreicht, liegt nur noch ein Parasitärkrater an der großen, von Osten nach Westen verlaufenden Wasserscheide, die die Südliche Lut vom Djaz-Murian-Becken trennt, knapp über 2000 m. Die übrigen Höhen, die die einzelnen Wassereinzugsgebiete des Gebirges gliedern, liegen alle unter 2000 m. Der isoliert stehende Hauptgipfel des Kuh-e-Bazman hat fast ausschließlich nur für jene Wassereinzugsgebiete Bedeutung, die bis in seine Höhe reichen. Für eine Durchschnittsbetrachtung müssen wir also von einer Höhenlage um 1200 m ausgehen.

Wohin nun die überschüssigen Wassermassen gelenkt werden, die das Gebirge abgibt, wird im wesentlichen durch den Verlauf der Täler bestimmt. Die Form und auch bedingt die Taldichte sind für die Grundwasserneubildung und den Abfluß wesentlich. So ist in den paläozoischen Kalken das Kerbtal vorherrschend. Obwohl diese Form wasserwirtschaftlich denkbar ungünstig ist, da der Abfluß auf geringem Raum konzentriert wird, findet in den Kerbtälern Grundwasserneubildung statt. Der Grund dafür ist, daß die Kerbtäler entsprechend der Klüftung ausgebildet wurden und das Wasser somit in diesen Klüften versickern kann. Nur dort, wo größere Flußsysteme Kalkstöcke durchbrechen, finden wir Kerbsohlen- bzw. Kastentäler. Meist treten an diesen Lokalitäten im Bachbett Quellen auf, wie das im Tal des Kahur-rud an zwei Stellen sehr gut zu sehen ist.

Infolge der starken tektonischen Beanspruchung ist im Bereich der Kalke eine relativ hohe Taldichte vorhanden. Diese Taldichte, auch Zerschneidungsdichte genannt, die bei den Kalken ca. 3 - 4 km/km^2 beträgt, soll hier nur randlich als Indikator für die Wasseraufnahmefähigkeit eines Gebiets herangezogen werden, da in einem flachwelligen, gut verkarsteten Relief mit geringer Taldichte mehr Wasser versickern kann als in einem stark gehobenen Gebiet hoher Taldichte, bei dem aber die Kluftabstände eng und daher verkittet sind.

Im Gegensatz zu den Kerbtälern sind die Kastentäler, obwohl von der Talform her günstiger, hydrologisch gesehen weit ungünstiger. An etlichen Stellen sind die Talböden so stark mit Karbonaten verbacken, daß kein Wasser in die verfestigten Konglomerate, die die Talsohle bilden, einsickern kann. Da diese Konglomerate oft von wasserführenden Sanden und Schottern überlagert werden, treten an Stellen, wo die Lockermassen fehlen, im Bachbett punkthaft kleine Quellen auf. Es erscheint also das Wasser an der Oberfläche, das in den geringmächtigen Talfüllungen transportiert wurde und nun nicht weitersickern kann. Der gleiche Effekt ergibt sich, wenn eine wasserundurchlässige Bank quer durchs Bachbett zieht.

Teilweise sind im Gebirge auch flache Muldentäler auf Resten der alten Vulkanitdecke vorhanden. Hier sickert zweifellos ein Anteil des Niederschlags ein (vgl. Kap. 4.5.1). Meist münden diese Muldentäler mit Wasserfällen in größere Talsysteme, so daß hier stürzender Abfluß beobachtet werden kann.

Ob der Zerschneidungsdichte bezüglich der Grundwasserneubildung bei diesen Tälern Bedeutung zukommt, konnte nicht geklärt werden. Schließlich spielt auch die Frage eine entscheidende Rolle, wieviel Niederschlag pro Zeiteinheit auf ein entsprechendes Gebiet fällt. Bei hoher Taldichte kann der Abfluß infolge der Verteilung u.U. nicht ausreichen, die Sedimentdecke zu durchdringen. Bei niedriger Taldichte dagegen wird der Abfluß auf einige wenige Täler konzentriert und hat dadurch eher die Möglichkeit, das Grundwasser zu speisen.

Neben den Erosionsformen sollen noch die quartären Aufschüttungen im Gebirge erwähnt werden. Sie sind vor allem in Gebieten zu finden, wo das Gebirge schon stark aufgelöst worden ist. Auch in Engtalstrecken, z.B. beim Durchbruch des Golemorti-rud durch die paläo-

zoischen Kalke, sind teilweise Terrassensysteme vorhanden. Die
Fähigkeit dieser Aufschüttungen, Wasser zu speichern, ist jedoch infolge der starken konglomeratartigen Verbackung so gering,
daß sie hydrologisch betrachtet vernachlässigt werden können.

Neben der Talform und den geologischen Gegebenheiten in Form der
einzelnen Gesteine spielt natürlich auch das Gefälle der Täler,
also das Tallängsprofil, eine Rolle für den Abfluß. Hierbei soll
besonders auf die hohe Anfangsgeschwindigkeit hingewiesen werden,
die die Wassermassen durch den Abfluß über den steilen Abbruch
von der vulkanitischen Hochfläche erhalten.

Dieser hohen Anfangsgeschwindigkeit verdanken auch große Blöcke
ihren Transport. An einer Engstelle, auf die später noch eingegangen wird (vgl. Kap. 6.3), lagen Blöcke von 1 - 2 m Durchmesser, die aufgrund ihrer faziellen Eigenschaften (Zurundung, Mi-
neralbestand) nur durch fluviatilen Transport bis dorthin gelangt
sein konnten. Für den Export dieser großen Blöcke ist neben der
Unterspülung auch die Abnahme der relativen Wichte bedeutsam, die
durch mitgeführte kleinere Komponenten verursacht wird. "As grain
concentration increases ..... the total stress becomes very much
greater than the fluid stress in the absence of the grains" (LEO-
POLD et al. 1964, S. 176).

Bei periodisch auftretenden Hochwässern wird das aufgenommene Material meist schubweise durch die Gebirgstäler verfrachtet. Die
Schotter der Talsohle werden dabei häufig vollkommen umgelagert.

4.2   *Dashtflächen*

Den Dashtflächen kommt in Hinblick auf eine wirtschaftliche Betrachtung dieses Gebiets große Bedeutung zu, da bei diesem Bereich
zwischen Gebirge und Endsee die beiden für eine landwirtschaftliche Nutzung notwendigen Voraussetzungen - Fläche und Nutzwasser -
vorhanden sind. Der gebirgsnähere Teil der Dashtflächen (ein etwa

10 km breiter Streifen) besteht nach WEISE aus Pedimenten im Miozän, über die quartärer Schutt abgelagert wurde (vgl. Kap. 2.5). Dieser Bereich ist durch oftmals 15 m tiefe, canyonartig eingeschnittene Täler gekennzeichnet, durch die die temporär anfallenden Wassermengen des Gebirges bis in den mittleren Teil der Dasht abtransportiert werden. Nur im Bereich nördlich von Tanak, westlich von Moxan und bei Lady, wo die Flüsse schon am Gebirgsrand nicht so stark eingeschnitten sind, ist bereits nach kurzer Laufstrecke ein Auffächern der Wasseradern festzustellen. Die größeren Flüsse, wie der Golmorti-rud, der Dalgan- und der Bazman-rud, fächern jedoch erst im mittleren Teil der Dashtflächen auf, was für die Grundwasserneubildung von entscheidender Bedeutung ist (vgl. Abb. 16, Bild 12). Der Calanzohur-rud hat in diesem System eine Sonderstellung, da er ein sehr geringes Einzugsgebiet besitzt. Infolge seiner nach Südsüdwest gerichteten Fließrichtung nimmt er nämlich in Gebirgsnähe den Abfluß vieler Nord-Süd gerichteter Rinnen auf, wodurch bei Starkregen auf den Bereich der Dasht seine Erosionskraft erst später und damit im tieferen Teil nachläßt. Dies äußert sich auch in einer größeren Geröllfracht bis in die untere Zone der Dasht, also in den Bereich der Sandfraktion.

4.3   *Das Endbecken*

Kurz nachdem die Flüsse den Bereich der Lehmfraktion passiert haben, biegen sie in der Subsequenzzone aus der Südsüdwest-Richtung in die West-Richtung um und laufen damit parallel zum Bampur-rud in Richtung auf den zentralen Teil des Djaz-Murian-Beckens. Es handelt sich hier statt der in Persien zu erwartenden Kewir um einen See, der von einer Sumpfzone umgürtet wird. Letztere ist im Sommer als Verlandungszone, im Winter oder Frühjahr mehr als Überflutungszone anzusehen.

Charakteristisch für dieses Gebiet ist die üppige, halophile Vegetation. Der See wird zum größten Teil durch oberirdischen Abfluß der Gerinne gespeist; der Anteil an Blänkenwasser dürfte infolge der Korngrößen in diesem Bereich gering sein (s. Bild 13).

4.4 Abfluß und Einzugsgebiete

Der Abfluß wird im wesentlichen durch klimatische Einwirkungen (Niederschlagshöhe, Niederschlagsintensität und Niederschlagsdauer), durch die Form der Einzugsgebiete und auch durch die Vegetationsbedeckung modifiziert. Da bisher (vgl. Kap. 3.2.3) nur die monatliche Niederschlagshöhe erwähnt wurde, sollen die Ausführungen dahingehend ergänzt werden, daß wir beim Bazman-Massiv nach den gemachten Beobachtungen damit rechnen müssen, daß ca. 50 % des Niederschlags in Form von Starkregen fallen. Die Tagesniederschlagssummen der umliegenden Stationen haben vergleichbare Daten aufzuweisen. Die zeitliche Dauer liegt bei diesen Starkregen oft im Bereich von Minuten. Allerdings haben wir in Calanzohur im Frühjahr 1976 auch Landregen erlebt, die, abgesehen von kürzeren Unterbrechungen, einige Tage dauerten und öfter durch heftige Platzregen verstärkt wurden.

Da nun in einigen Bereichen des Gebirges relativ undurchlässige Gesteine anstehen (vgl. Kap. 2.3), müssen wir in den betreffenden Gebieten mit sehr heftigem, zeitlich sehr kurzem Abfluß rechnen. Besonders deutlich wird dies beim Abfluß des Kahur-rud, zumal die geologischen Faktoren (die Aufnahmefähigkeit des Gesteins ist gering) und auch die Morphologie der Kastentäler mehr zu schießendem Abfluß führen. Es braucht nicht erwähnt werden, daß der Bewuchs, der durch jahrhundertelange Nutzung dieser Gebiete stark dezimiert wurde, kaum ein retardierendes Moment für den Abfluß darstellt.

Ein geringer Teil des Schneefalls in der Gipfelregion geht durch Sublimation verloren, bevor die Schneedecke in sich zusammensinkt und wegtaut. Schnee in der Gipfelregion, der in kälteren Hochgebirgen arider Bereiche (z.B. im Shir-kuh-Gebiet bei Yazd, Iran) den ganzen Sommer über nicht völlig aufgezehrt wird, stellt im Arbeitsgebiet - vom Wasserhaushalt her gesehen - keine Rücklage für niederschlagsärmere Perioden dar. Nach eigenen Beobachtungen wird der bei weitem überwiegende Teil des Schnees in der Gipfelregion im Verlauf von Regenfällen weggetaut und wirkt auf den zeitlich begrenzten, kurzen Abfluß eher verstärkend als retardierend.

Besonders eindrucksvoll deutlich wurde das extreme Abflußverhalten des Kahur-rud am 14.3.1976 in Bazman, als ein einziger Regenguß 12 mm Niederschlag brachte. Im Gebirge jedoch muß zweifellos eine noch höhere Niederschlagsmenge gefallen sein. Etwa drei Stunden nach dem Starkregen wälzte sich dann durch das sonst trockene Kastental des Kahur-rud eine Flut, die nach Messung der Flutmarken auf ca. 15 m^3/sec geschätzt werden konnte. Einen Tag später lag das Bachbett bereits wieder trocken, und nur an einigen Stellen, wo Vulkanitriegel durchs Bachbett ziehen, waren Punkte mit geringfügiger Durchfeuchtung zu beobachten. An anderen Lokalitäten, wo bei normalen Niederschlagsverhältnissen keine Quellen auftreten, war jetzt eine geringe Wasserschüttung aus den paläozoischen Kalken vorhanden.

Im krassen Gegensatz zu diesem Abfluß, der durch einen steilen Anstieg und einen darauffolgenden steilen Abfall der Ganglinie gekennzeichnet ist, erfolgt der Abfluß des Gaschkin-rud. Dieser Fluß entwässert in einer weit gleichmäßigeren Weise das Gaschkin-Gebirge, das vom Bazman-Massiv durch einen größeren Talzug getrennt wird. Der Grund für dieses Verhalten liegt darin, daß das Gaschkin-Gebirge aus Gesteinen aufgebaut wird, die weit wasseraufnahmefähiger sind als die Andesite und Tuffe des Bazman-Massivs, die den Abfluß des Kahur-rud determinieren. Obwohl das Wasser dieser beiden Flüsse nicht unmittelbar genutzt wird, spielt dennoch die Abflußganglinie, die beim Gaschkin-rud eine weit flacher abfallende Trockenwetterfallinie hat, eine Rolle, und zwar bezüglich der Versickerungsregion. Ein Durchfließen der Wassermassen bis in die Subsequenzzone ist vom wasserwirtschaftlichen Standpunkt aus gesehen wenig wünschenswert, da von dem bis dorthin gelangten Wasser ein großer Anteil verdunstet, bevor er im schluffig-tonigen Bereich versickern kann; dadurch wird die Ionenkonzentration des Versickerungswassers verstärkt. In diesem

Bereich lagern sich dann auch die feinsten Komponenten des Materials ab, das im Gebirge als Rohboden abgespült worden war. Die gröbsten Komponenten wurden bereits früher akkumuliert.

Wir wir gesehen haben, weist also der Kahur-rud, dessen Einzugsgebiet bis in eine Höhe von 3000 m reicht, wasserwirtschaftlich die ungünstigsten Bedingungen auf. Da darüber hinaus der Weg vom Gebirgsrand bis zur Zone der Versickerung sehr lang ist, geht auch noch durch Verdunstung ein großer Teil an Wasser aus seinem Einzugsgebiet im Gebirge (etwa 240 km^2) für das Grundwasser verloren.

Der Bazman-rud ist der einzige Fluß, dessen Einzugsgebiet bis zu einer Höhe von 3400 m reicht. Die Form seines langgestreckten Einzugsgebiets mit einer Fläche von 302 km^2 ist der Grund dafür, daß dieser Fluß wahrscheinlich nicht so häufig maximal abkommt wie die anderen Flüsse des Untersuchungsraumes. Dies beruht darauf, daß kompakte Einzugsgebiete von einer Regenfront häufiger ganz beregnet werden und damit eher maximal abkommen als langgestreckte. Bei letzteren sind zwar aufgrund ihrer Form häufiger Niederschläge zu beobachten; oftmals streifen diese das Einzugsgebiet jedoch nur. Die Folge ist dann zwar auch ein Abkommen des Flusses, die abgeführte Wassermenge ist jedoch geringer (vgl. PARDÉ 1954).

Darüber hinaus spielt hier die Lithologie bezüglich des Abflusses ebenfalls eine Rolle, da der Bazman-rud nach dem Durchbruch durchs Paläozoikum durch ein Gebiet fließt, in dem Granodiorit ansteht. Dies führt neben einer Verringerung der Abflußmenge zu einer gewissen Verzögerung im Abfluß, da der Granodiorit durch seine Wollsackverwitterung eine große Oberfläche besitzt, also Wasser schluckt.

Die tiefe Schlucht, die der Fluß beim Austritt aus dem Gebirge durchläuft, kommt vermutlich nicht allein durch die Wassermenge, sondern durch die relative Absenkung der paläozoischen Kalke zustande, die an dieser Stelle gegeben ist.

Das größte Einzugsgebiet mit 640 km^2 fällt jedoch auf den Golemorti-rud. Die hydrologische Situation dieses Flusses wird neben der Größe des Einzugsgebiets dadurch begünstigt, daß die paläozoischen Kalke zum größten Teil zum Golemorti-rud entwässern. Da auch noch Andesite und im östlichen Einzugsgebiet auch Granodiorit anstehen, also Gesteine, die alle ein anderes Verhalten in bezug auf den Wasserabfluß haben, ist hier schon vom Einzugsgebiet her aus wasserwirtschaftlicher Sicht eine gewisse Gunst durch eine bessere zeitliche Verteilung des Abflusses auszumachen. Nach dem Austritt aus dem Gebirge wirkt der Fluß etwa bis zur Mitte der Dashtfläche als Sammelader für kleinere Gerinne, dann fächert er auf und bildet den sogenannten Golemorti-Riverwash, eine große Zahl divergierender Rinnen, die bis zur Subsequenzzone durchziehen. Beim Abkommen dieses Flusses ist die Piste von Calanzohur bis Golemorti nicht zu befahren, da sie im unteren Teil der Dasht quer zu den Abflußbahnen verläuft. Für eine zukünftige Regulierung des Flusses ist von Bedeutung, daß der Abfluß des östlichen Einzugsgebiets, also ca. 300 km^2, in einer engen Schlucht durch eine Kette aus paläozoischen Kalken bricht, was bis jetzt einen siphonartigen Durchfluß zur Folge hatte. Beim Einsatz technischer Maßnahmen böte sich hier jederzeit die Möglichkeit, den Abfluß zurückzuhalten.

Westlich des Einzugsgebiets des Golemorti-rud liegt das des Dalganrud. Vom genannten Einzugsgebiet, das eine Größe von etwa 400 km^2 hat, entfällt auch hier die Hälfte der Fläche auf Kalke, die andere auf Vulkanite. Ein Durchbruch durch einen Riegel aus paläozoischen Kalken eröffnet ebenfalls wassertechnische Möglichkeiten.

An der Furt auf dem Weg Lady - Chah Alvand liegen Gerölle bis 5 cm Durchmesser im Bachbett, was in diesem Bereich auf eine noch erhebliche Fließgeschwindigkeit hindeutet. Bei der Furt nördlich von Lady sind sogar noch Blöcke mit einem Durchmesser bis zu 70 cm vorhanden. Die Auffächerungszone dieses Flusses beginnt entsprechend spät, erst einige Kilometer weiter dashtabwärts. Auch der Schotter- bzw. Sandfächer ist wesentlich kleiner als beim Golemorti-rud. Die größte Oase im Arbeitsgebiet, Dalgan, verdankt ihre Größe allerdings nicht nur dem Wasser dieses Flusses. Offene Kanäle, die durch die Subsequenzzone laufen, bringen zusätzlich noch Wasser vom Golemorti-rud.

Im Westen von Dalgan liegen noch zwei weitere Einzugsgebiete, die jedoch in ihren Zentren zwischen 700 und 800 m hoch liegen, also von der Höhenlage her gesehen relativ niedrig sind. Beide reichen jedoch bis zur Hauptwasserscheide; das östliche, in dem die Gebirgsoase Hudejan liegt, reicht sogar an einer Stelle bis über 2100 m. Bei einer Fahrt von Lady bis Hudejan gewannen wir den Eindruck, daß im nicht von Vulkaniten geprägten Teil des Einzugsgebiets die Tendenz zu konzentriertem, zeitlich begrenztem Abfluß vorhanden ist, zumal die Terrassen, die in diesem Gebiet weite Flächen einnehmen, größtenteils keine Wasseraufnahmefähigkeit besitzen, da sie verkittet sind. Nördlich von Hudejan stehen gut geklüftete Vulkanite in großer Mächtigkeit an, was als wasserwirtschaftlich günstig anzusehen ist. Die paläozoischen Kalke am Ostrand machen nur einen geringfügigen Teil am Gesamtgebiet aus.

Da allein das östliche dieser beiden Einzugsgebiete untersucht werden konnte, mußte beim westlichen ausschließlich auf Luftbilder zurückgegriffen werden. Nach der Luftbildanalyse spricht jedoch alles dafür, daß das östliche Einzugsgebiet mit ca. 510 km^2 ähnliche hydrologische Charakteristika aufweist wie das westliche, das nur etwa 350 km^2 Fläche einnimmt.

Betrachtet man alle Entwässerungsnetze des Arbeitsgebiets, dann fällt vor allem das radiale im Bereich der Gipfelregion des Kuh-e-Bazman auf. Nach Norden setzt sich dieses Netz bis auf Höhen unter 1000 m fort. Dies hat zur Folge, daß die größere Wassermenge, die die Gipfelregion aufgrund ihrer Höhe bekommt, relativ gleichmäßig auf die tiefer liegenden Gebiete verteilt wird. Im

Süden ist das nicht der Fall. Hier verhindern die hohen Ketten
der Kalke den weiteren radialen Abfluß des Wassers. Die Wassermassen werden gebündelt und fließen in Engstrecken durch die Kalke. Dadurch erhält das Entwässerungsnetz eine dendritische Form.
Bei den Einzugsgebieten westlich des Golemorti-rud ist ebenfalls
die dendritische Form gegeben, da hier keine isolierten Erhebungen so dominierend auftreten, wie dies im Gebiet des Kuh-e-Bazman
der Fall ist.

Auf der Dasht ist dann ein überwiegend divergierendes Rinnensystem zu finden, das am zutreffendsten als fächerförmig parallel
(s. Kartenbeilage 3) angesprochen werden kann. Dieses geht dann
im Bereich des Sees in ein zentripetales Entwässerungssystem über.
Für die Grundwasserneubildung ist das fächerförmig-parallele Entwässerungssystem auf der Dasht das entscheidende (vgl. Kap. 4.7
und 4.8).

Vergleicht man die betrachteten Einzugsgebiete mit dem des Bampur-rud, so wird deutlich, wie klein diese sind. Der Bampur-rud entwässert einschließlich seines Gebirgseinzugsgebiets (Karwandar-rud) bis zum Bampur-Damm eine Fläche von 8450 km^2, der Golemorti-rud als größter Fluß im Arbeitsgebiet dagegen nur 640 km^2.

Um den Abfluß des Bampur-rud beim Bampur-Damm ($27^\circ 11'$ N/$60^\circ 34'$ E)
zu erfassen, wurde von ITALCONSULT ein Hydrometrograph installiert. Die im Lauf von zwei bis drei Jahren gemessenen Werte weisen einen durchschnittlichen Abfluß zwischen 0,5 und 1,5 m^3/sec
aus (vgl. Abb. 13, mittlere Kurve). Der größte Abfluß tritt nach
den vorliegenden Zahlen im Juli auf. Ein zweites Maximum wird im
Februar erreicht. Bei längerjährigen Messungen ist jedoch anzunehmen, daß sich das Hauptmaximum auf den Winter verlagert (Februar, März), da in dieser Zeit auch die größten, Abfluß hervorrufenden Niederschläge gemessen werden. Dies wird auch durch die
Abflußspitzen untermauert, die für das Jahr 1961 im Winter mit
12,6 m^3/sec einen höheren Abfluß zeigen als für Juli mit 10,5 m^3/

sec (vgl. Abb. 13, oberes Diagramm). Der minimale Abfluß wird hauptsächlich durch Grundwasserzustrom bestimmt und zeigt daher nur geringe Schwankungen. Die absolute Abflußkurve gibt die Anzahl der abfließenden Kubikmeter ($m^3 \times 10^6$) für 1961 an. Mit $5,6 \ m^3 \times 10^6$ wurde der größte Wert im Februar erreicht. Ein zweites, vermutlich monsunbedingtes Maximum mit $3,1 \ m^3 \times 10^6$ wurde im Juli gemessen. Der jährliche Gesamtabfluß betrug 1961 $25,15 \ m^3 \times 10^6$. Er liegt damit mengenmäßig gesehen dicht unter dem Wert, den ARDESTANI (1973) für die Dalgan-Dasht als gesichert zur Verfügung stehende Wassermenge errechnet hat ($27 \times 10^6 \ m^3$/Jahr, vgl. Kap. 8.1).

Da das Jahr 1961 nach Angaben von ITALCONSULT ein klimatisches Durchschnittsjahr mit 110,6 mm Niederschlag (Iranshahr) war, kann den Abflußangaben prinzipiell auch Gültigkeit über längere Dauer zugebilligt werden. Graduell sind allerdings Unterschiede zu erwarten, die, abgesehen von Niederschlagsschwankungen, auch durch größeren oder geringeren Anteil von Starkregen am Gesamtniederschlag bewirkt werden.

Beim Halil-rud, der das Djaz-Murian-Becken von Westen speist, ist der Abfluß, seinem in größere Höhen reichenden Einzugsgebiet entsprechend, wesentlich höher als beim Bampur-rud. Jährliche und monatliche Abflußschwankungen sind bei beiden Flüssen vorhanden. Auf Abb. 14 wurden die monatlichen Mittel aus zwei Feuchtjahren (Oktober 1963 bis September 1965) der Abflußganglinie aus zwei trockneren Jahren gegenübergestellt (Oktober 1965 bis September 1967). Während die Abflußspitze der Feuchtjahre bei $132,5 \times 10^6 \ m^3$ liegt, wurde bei der aus den beiden trockneren Jahren gebildeten Kurve der höchste Wert mit $23 \times 10^6 \ m^3$ erreicht.

Die aus den beiden Kurven ersichtliche Differenz im Wasseranfall verdeutlicht die Notwendigkeit zum Bau entsprechender Wasserrückhalteanlagen (vgl. Kap. 4.8).

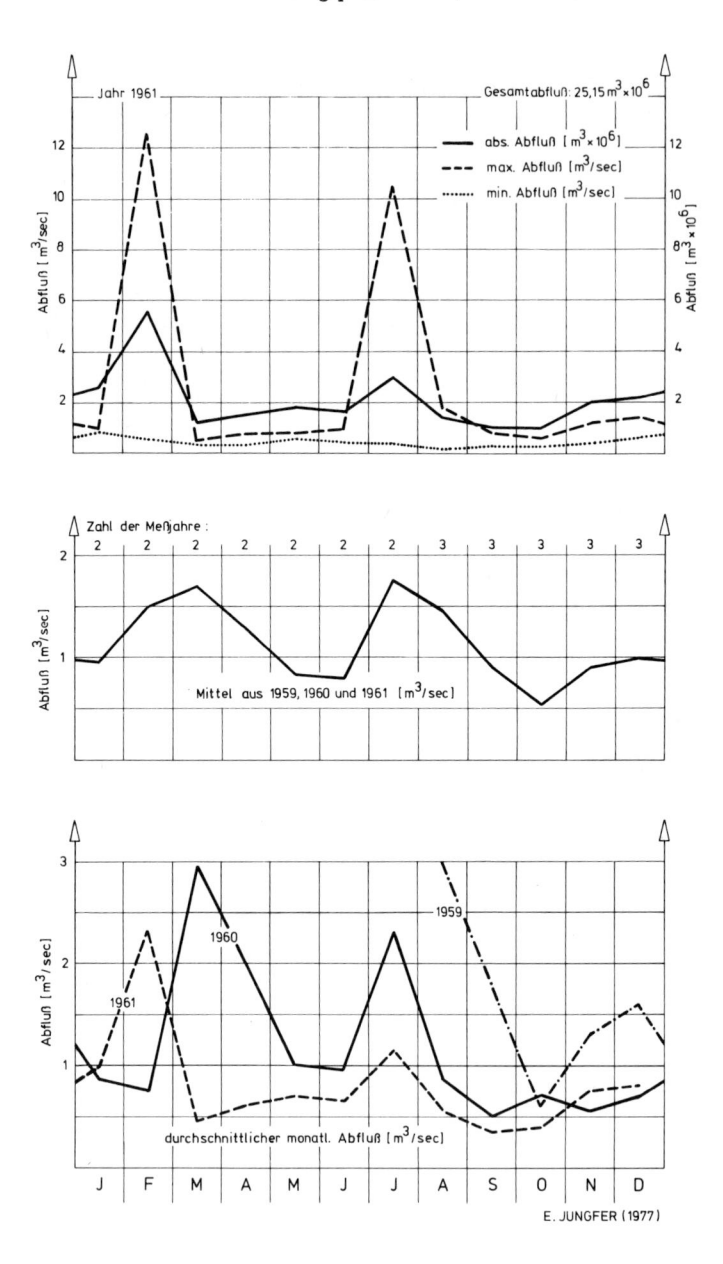

Abb. 13. Abflußkurven des Bampur-rud beim Bampur-Damm 1959 - 1961. Quelle: ITALCONSULT (1962)

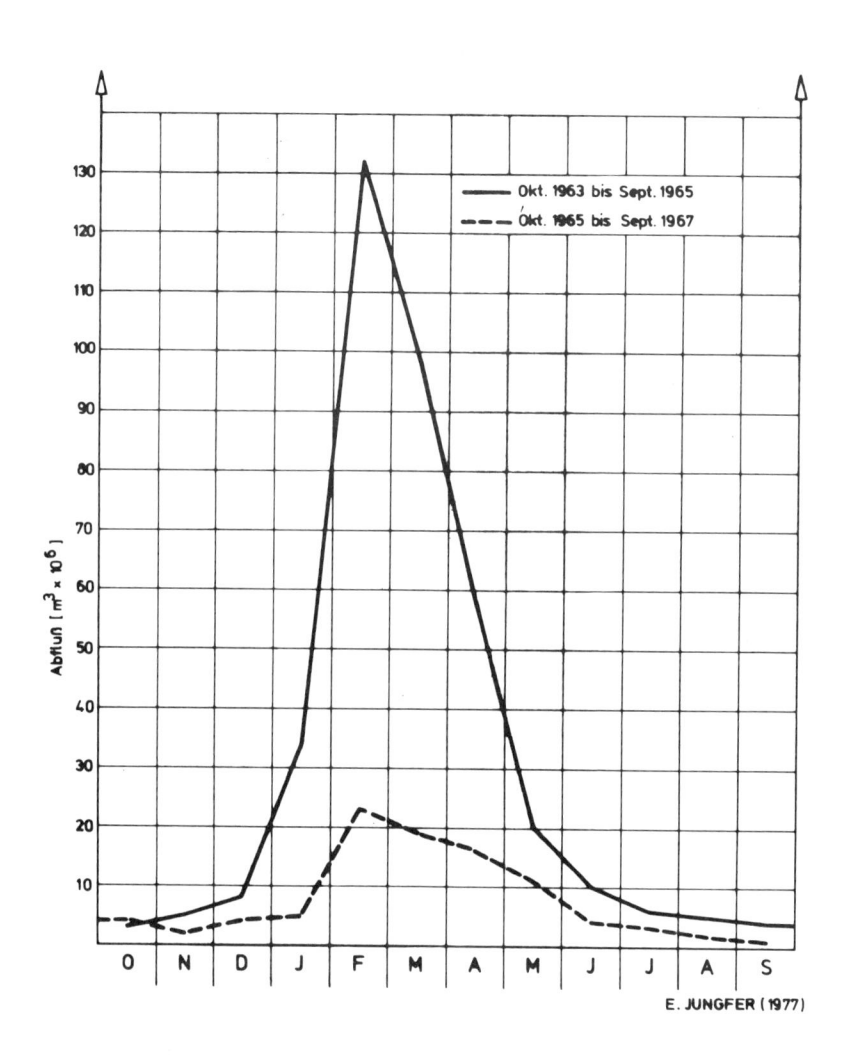

Abb. 14. Abflußkurven des Halil-rud bei Jiroft (Mittel aus zweijährigen Meßperioden). Quelle: ABKAV LOUIS BERGER, INC. (1968)

4.5 Quellen im Gebirge und am Gebirgsrand

4.5.1 Quellen in den Vulkaniten

Durch das Gebirge zieht ein von Ost nach West verlaufendes Band von Oasen in einer Höhenlage von 800 bis 1000 m. Diese Oasen beziehen alle ihr Wasser aus Quellen, die entweder auf Störungen beruhen oder als Schuttquellen im Bachbett auftreten. In Hudejan entspringen auf engstem Raum vier Quellen mit einer Temperatur von 37°C aus den anstehenden Vulkaniten. Darüber hinaus ist noch eine Schuttquelle vorhanden, deren Wasser allerdings 26°C nicht übersteigt. Die Untersuchung auf den Anteil an gelösten Substanzen ergab jedoch die Zusammengehörigkeit der beiden Wässer (vgl. Abb. 20). Vermutlich tritt das Wasser der Schuttquelle weiter talauf ebenfalls durch Klüfte aus dem Gestein in die Schotter ein.

Wie die Wasseranalysen ergaben, gehören auch die Quellen von Bazman und Kiman zum gleichen Typ. Beide beruhen auf Störungen im Tuff. In Bazman liegt die Quellschüttung bei ca. 20 l/sec. Die Quellen von Hudejan dürften eine höhere Schüttung haben, genaue Messungen waren jedoch nicht möglich. Zusammengenommen entfallen, wenn man die Nutzfläche der Oasen als Maßstab für die Schüttung der Quellen nimmt, weniger als 150 l/sec auf alle Gebirgsoasen in den betrachteten Einzugsgebieten. Das Wasser dieser Quellen ist in den Vulkaniten versickertes Regenwasser. Bei Hudejan scheint das Reservoir in den Klüften größer zu sein als bei der Quelle in Bazman, da die Quellen in Hudejan das ganze Jahr über eine konstante Wassermenge liefern[1]. In Bazman läßt die Schüttung dagegen im Sommer eindeutig nach. Auch der Wasserspiegel in den Brunnen der Oase liegt zu dieser Zeit etwa 2 - 3 m tiefer als zur Hauptregenzeit.

---

1) Hierbei beziehe ich mich auf die Aussagen des Dorfältesten von Hudejan.

Zu den Quellen, die aus den Vulkaniten entspringen, zählen auch
jene von Ziarat, die im Talschluß des Kahur-rud liegen. Diese
Quellen treten in ca. 2000 m Höhe im Tal auf; weiter unterhalb
im Bachbett versickert das Wasser dann wieder. Aufgrund seiner
gelösten Bestandteile ist es nicht wahrscheinlich, daß dieses
Wasser in den Quellen von Bazman oder Kiman wiedererscheint (vgl.
Kap. 5.3 und 5.4).

4.5.2   Karstquellen

Neben diesen Quellen, die in Vulkaniten versickertes Wasser schütten, finden wir im Tal des Kahur-rud mehrere Karstquellen. Die
Temperatur dieser Quellen liegt ebenfalls über der Jahresdurch-
schnittstemperatur. Die Quellen sind dort zu finden, wo das Tal
des Kahur-rud an zwei Engstellen durch die paläozoischen Kalke
zieht. Es handelt sich jedoch nicht um Verengungsquellen, durch
die in Flußschottern gespeichertes bzw. transportiertes Wasser zutage tritt, sondern um echte Karstquellen. Dies wird durch die
Quellsituation deutlich. Das Wasser dringt nämlich nicht durch
die Schotter des Bachbetts nach oben, sondern entspringt seitlich aus den Schluchtwänden. Als Wasseraustrittsstellen konnten
vorwiegend Klüfte oder Schichtgrenzen innerhalb der Kalke ausge-
macht werden, die durch ständige Korrosion erweitert worden sind.
Obwohl anhand der chemischen Eigenschaften des Wassers kein Be-
weis dafür geliefert werden kann, daß hier Karstwasser vorliegt,
ist dies aus folgenden Gründen doch naheliegend: Die Quellen entspringen im Frühjahr teilweise bis zu vier Meter über der Sohle
des Bachbetts, einige auch auf Höhe des Bachbetts. Für diese
Quellsituation muß ein hydraulischer Gradient vorhanden sein,
der in den Schottern des Bachbetts in der notwendigen Stärke
nicht existiert. Der hydraulische Gradient kann hier nur durch
entsprechende Wasserverteilung in den Kalken zustandekommen, da
der Tuff, der in diesem Gebiet nur wenig höher liegt, aufgrund
seiner hydrogeologischen Eigenschaften kein Wasserspeicherver-
mögen besitzt.

Da der Natriumanteil sehr hoch liegt, ist jedoch nicht ausgeschlossen, daß die Kalke nur das Wasser weiterleiten, das durch Andesite weiter westlich eingedrungen war. Möglicherweise liegt auch ein Mischwasser vor, das auf 36°C aufgeheizt wurde (vgl. Abb. 20, Probe V3).

Die Karstquellen bei Sorgah, die aus einem dem Granit aufsitzenden Kalkberg entspringen, haben eine Temperatur von 27 - 32°C. An diesem sehr kleinen, isoliert stehenden Kalkberg ist zu ermessen, wieviel Grundwasser in den Kalken gebildet werden kann, da die Quellen nur das auf den Berg gefallene Regenwasser schütten. Der denkbare Transport aus höher liegenden Kalkmassiven ist hier sehr unwahrscheinlich, da dieser durch den Granit stattfinden müßte, der, wie Probe 32 und 20 (vgl. Abb. 21 u. 22) zeigen, hier stark versalzenes Wasser liefert.

Bei durchschnittlichen Niederschlägen schütten die Quellen von Sorgah nach Aussagen der Bauern das ganze Jahr über eine geringfügige Wassermenge, während sie bei einem regenarmen Frühjahr im Sommer trocken fallen. Im Frühjahr 1976 betrug die Schüttung, auf drei Quellen verteilt, 2 - 3 l/sec.

Die Oasen von Moxan am südlichen Gebirgsrand verdanken dem Quellwasser aus den Kalken ihre Existenz. Das Wasser wird hier durch die wasserstauenden miozänen Ablagerungen zum Austritt gezwungen.

Weiterhin entspringt am südlichen Gebirgsrand nördlich von Calanzohur in den quartären Schottern vor dem Gebirge eine 32°C warme Quelle (s. Kartenbeilage 3: Ab-e-garm 32°C). Der Golemorti-rud, der in seinen Schottern eine große Wassermenge führt, scheidet als Wasserlieferant für diese Quelle aus, da er zu tief eingeschnitten ist. Zudem ist sein Wasser wesentlich kälter. Es liegt daher aufgrund der geologischen Situation nahe, daß das hier austretende Wasser aus den paläozoischen Kalken stammt und die quartären Ablagerungen an dieser Stelle nur wasserleitende Funktion ausüben.

Ein hydraulischer Gradient in einem andern Gestein ist hier nicht denkbar (vgl. Abb. 2). Nördlich dieser Quelle liegt noch ein isoliertes Vorkommen an eozänen Nummulitenkalken, das jedoch auf die Quellsituation nur geringfügigen Einfluß haben dürfte (vgl. Abb.21).

4.5.3   Sinterquellen

Neben diesen Karstquellen, die dem seichten Karst zuzurechnen sind, finden wir noch Quellen, in deren Umgebung Sinterablagerungen auftreten. Das eindrucksvollste Beispiel dafür ist die Quelle von Nachlestan, die am höchsten Punkt der Dashtfläche dicht neben dem Flußtal des Kahur-rud entspringt. Die Entstehung der Quelle an diesem Punkt ist durch ein Abdichten der seitlichen Austrittsmöglichkeiten mit Sinterkalk zu erklären. Das durch hydrostatischen Druck hochquellende Wasser dringt deshalb in einem Schlauch aus Sinterkalk nach oben. Um die Quelle zu fassen, hat man die Austrittsstelle ungefähr 2 m tiefer gelegt.

Neben diesem markantesten Beispiel für Sinterquellen sollen noch diejenigen von Sarabog und Bordog erwähnt werden. An beiden Lokalitäten sickert Wasser in geringem Maße an verschiedenen Stellen aus dem Gestein. Nutzbar sind diese Quellwässer jedoch nur zu geringem Grade, da die Quellschüttung minimal ist und sehr verteilt auftritt. Zeitlich muß die Sinterbildung ins Quartär (Holozän) gestellt werden, wie wir an versinterten Terrassen im Gebirge und auch an versinterten Bewässerungsanlagen sehen konnten. Beweise dafür, daß rezent noch Sinter gebildet werden, fanden wir jedoch nur vereinzelt. Abgesehen von der Quelle bei Nachlestan, können die Quellen von Bordog und Sarabog vom hydrologischen Gesichtspunkt aus als nicht wirtschaftlich eingestuft werden, da das Verhältnis von Wasseraustritt zu Wassernutzung zu unausgewogen ist.

4.5.4 Quellen im Granit

Wie bereits unter 2.2 ausgeführt wurde, treten im Granit Wässer verschiedener Güte auf. In der Oase Bazman liefern Brunnen im Granit gutes Trinkwasser, wogegen an den Störungen südlich von Bazman stark mineralisiertes Wasser austritt. Auch dort, wo der Moxan-rud einen Granitriegel durchbricht, entspringt im Granit an der Grenze zu einem Kalkkonglomerat eine Quelle, die kühles, schwach mineralisiertes Wasser liefert. Im Gegensatz zu Quellen, die eingedrungenes und danach nur gering mineralisiertes Regenwasser schütten, stehen jene Quellen, die hoch mineralisierte $Cl:Na:SO_4$-Wässer liefern. Dazu gehören die Quellen des Calanzohur-rud, die Quelle von Ab-e-garm südöstlich von Moxan sowie die Quelle Kuchec-ab, die zwar im Miozän entspringt, aber der Wasserqualität nach eindeutig dem Granit zuzuordnen ist. Das am stärksten mineralisierte Wasser entspringt allerdings aus einer Quelle südöstlich von Sorgah. Würde man die Quellen im Granit einem Typ zuordnen, so wäre der Begriff Störungsquelle nicht ganz treffend, da zwar Störungen eindeutig zu erkennen sind, die Wässer auch durch diese nach oben dringen, aber durch die Feuchtigkeit soviel äolisches Material festgehalten wird, daß es längs der Störungen zu Materialanhäufungen kommt. Dabei tritt das Wasser oft nicht nur an der einen Stelle aus, die freigelegt wurde, sondern sickert längs der Störung durch die äolische Fracht bzw. verdunstet dort.

Für Störungen, nicht allein für Klüfte als Basis für Quellaustritte, sprechen neben den Geländebeobachtungen die Luftbildauswertung und Vergleichsdaten der Hydrologen DAVIS und DE WIEST (1966, S. 319). "Fractures that are not associated with pronounced faults produce only a small increase in the overall porosity of rocks."

Bedenkt man, daß der Kluftabstand im Arbeitsgebiet selten mehr als zwei Millimeter beträgt, die Klüfte darüber hinaus oftmals durch Kalk- oder Salzkrusten blockiert sind, dann wird deutlich, daß der Pluton nur an einigen wenigen bevorzugten Stellen hydrologisch wegsam ist.

Da die Mineralquelle bei Ab-e-garm mit einer Temperatur von $46°$ - $48°C$ entspringt, stellt sich die Frage, woher dieses Wasser kommt. Die Temperatur geht zweifellos auf die sehr niedrige geothermische Tiefenstufe in diesem Gebiet zurück. Das Grundwasser selbst scheint im Gebirge gebildet worden zu sein, da die Bildung von juvenilem Wasser als Abspaltung aus einer Schmelze relativ unwahrscheinlich ist (vgl. WILHELM 1966, S. 34). Die Wege, die das Wasser auf der Strecke vom Gebirge zum Quellaustritt zurücklegt, und die Tiefen, die es auf diesem Weg erreicht, sind unbekannt. Nach den Daten, die der Tunnelbau liefert, sind jedoch jederzeit wasserwegsame Öffnungen mehrere Hunderte von Metern unter der Erdoberfläche denkbar. Eine genaue Klärung der Grundwasserneubildungszone dieser Wässer kann nur durch Markierung erreicht werden.

4.6   *Quellen auf der Dashtfläche*

Wie wir aus den vorausgegangenen Kapiteln entnehmen können, findet Grundwasserneubildung im Gebirge nur in beschränktem Maße statt. Daher kann das Wasser der Gebirgsquellen, von denen keine über 30 l/sec schüttet, nicht für die Nutzung der Dasht herangezogen werden. Das für die Bewässerung notwendige Wasser muß also der Dasht selbst entnommen werden. Im Gegensatz zu anderen iranischen Dashtflächen finden wir hier auf der Dasht Quellen. So z.B. im Osten, südlich von Moxan, wo Grundwasser in einer flachen Hohlform zutage tritt (s. Kartenbeilage 3: Weidegründe, vgl. Kap. 4.7). Dieses Wasser liefert der Moxan-rud, der, nachdem er den Granit durchbrochen hat, durch Versickerung das Grundwasser speist. Auch die Oase Tanak ist auf einen solchen lokalen Aquifer zurückzuführen. Weiter westlich steht das Miozän in so geringer Tiefe an, daß die Bildung derartiger lokaler Wasserlinsen nicht möglich ist.

4.7   *Modalitäten der Grundwasserneubildung*

Von HUBER (1975)[1] wurde die Möglichkeit angedeutet, daß die paläozoischen Kalke unter die quartären Ablagerungen einfallen könnten und damit ein direkter Grundwasserstrom von den Kalken in die Schotter der Dasht denkbar wäre. Diese Möglichkeit besteht jedoch nur lokal dort, wo der Dalgan-rud aus dem Gebirge austritt. Bei fast allen übrigen Lokalitäten des Gebirgsrandes steht Miozän an. Dies bedeutet also, daß sich die Grundwasserneubildung z.T. zweiphasig vollzieht, d.h. erst in den paläozoischen Kalken stattfindet. Hier ist der (unterirdische) Abstrom langsamer als der (oberirdische) Abfluß. Dadurch gelangt dieses Wasser erst mit Verspätung in die großen Flußtäler bzw. in die Dasht, wo es wiederum grundwasserwirksam wird.

Bei allen Grundwasserbetrachtungen muß in Rechnung gesetzt werden, daß Grundwasserneubildung in ariden und semiariden Gebieten, abgesehen von Gebirgen, anders verläuft als unter humiden Klimaten. Während wir in humiden Gebieten mit dem Einsickern des Regenwassers und dem Vordringen in breiter Front bis zum Grundwasserspiegel rechnen müssen, reichen die Regengüsse in ariden und semiariden Gebieten meist nur dazu aus, die obersten Horizonte zu durchfeuchten. Da jedoch meist keine geschlossene Regenperiode vorhanden ist, geht die Bodenfeuchtigkeit in den Tagen nach dem Regen durch Verdunstung wieder verloren. Im Gegensatz zu humiden Gebieten reicht also die Feuchtigkeit nicht aus, das in den Boden ein-

---

1)   Freundliche mündliche Mitteilung.

gesickerte Wasser den Grundwasserspiegel erreichen zu lassen.

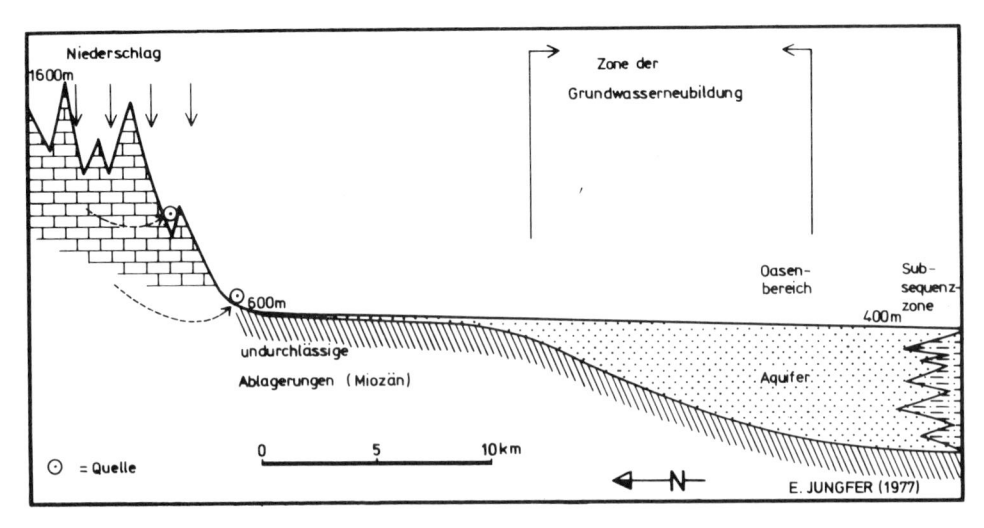

Abb. 15. Generalisiertes Schema der Grundwasserneubildung im Bereich von Calanzohur

Ob sich Grundwasserneubildung in ariden Gebirgen mehr linienhaft (in den Tälern) oder überwiegend flächenhaft vollzieht, hängt von verschiedenen Faktoren ab. Sind im Gebirge neben undurchlässigen Gesteinen mächtige Akkumulationen vorhanden, die durch fluviatile Zerschneidung in terrassenähnliche Körper gegliedert und mit Karbonaten verbacken sind, wie dies beim Bazman-Massiv der Fall ist, so reicht die im Winter zur Verfügung stehende Feuchtigkeit nur in den Talsohlen aus, das Grundwasser zu speisen. Bei nahezu schuttfreien oder nur mit geringer Schuttdecke überlagerten, wasseraufnahmefähigen Gesteinen dagegen kann sich der Prozeß der Grundwasserneubildung "ähnlich" wie in humiden Gebieten vollziehen. Liegt darüber hinaus noch eine Schneedecke vor, die vorwiegend durch langsames Abschmelzen, nicht allein durch Sublimation verloren geht, so ist die Effizienz der Grundwasserneubildung hoch. Einschränkend muß hierbei zugestanden werden, daß bei letzterem Fall, der z.B. südlich der Oase Deh-bala beim Kuh-o-Gabusaleh (Nähe Yazd, Iran) in einer Höhe von 3500 m gut beobachtet werden konnte, oftmals aufgrund der Höhenlage des Gebirges bereits ein semi-arides Klima vorliegt.

Da dies beim Bazman-Massiv jedoch nicht zutrifft, müssen wir davon ausgehen, daß sich Grundwasserneubildung hier vorwiegend in den Tiefenlinien vollzieht.

Um zu überprüfen, ob das Einsickern durch die Flußsohle die einzige Möglichkeit der Grundwasserneubildung auf der Dalgan-Dasht ist, wurde an verschiedenen Stellen in diesem Bereich gegraben. Nach Niederschlägen von 15 mm oder mehrtägigen Regenperioden lag das Ende der Bodendurchfeuchtung schon zwischen 10 cm und 20 cm, nie aber tiefer als 40 cm. Dies ist für Flurabstände[1] von 20 und mehr Metern eine zu geringe Einsickerungstiefe, um den Grundwasserspiegel zu erreichen. Unterstützung finden diese Ergebnisse durch die Grabungen von NADJI-ESFAHANI (1971, S. 31), der berichtet, "daß in dem genannten Winter innerhalb einer Woche 63 mm Niederschlagswasser in Form von Schnee registriert wurde. Nachdem der Schnee vom Boden verschwunden war, wurde mit Hilfe der örtlichen Kanat-Bauern der Versuch unternommen, die Versickerungstiefe festzustellen. Es wurden an fünf verschiedenen Stellen der Dasht Gruben ausgehoben. Nirgends war die Reichweite der Bodenfeuchtigkeit tiefer als 1,80 m." Bei Grabungen in den Rinnen wurde dagegen in keinem Fall das Ende der Durchfeuchtung erreicht. Hier ist also Wasser in tiefere Bereiche eingesunken. NADJI-ESFAHANI (1975)[2] hat in Wadis bei Kashan bis in eine Tiefe von 3,50 m gegraben, ohne das Ende der Durchfeuchtung zu erreichen. Die alten Kanatbauern sagten ihm damals, daß er an dieser Stelle nie das Ende der Durchfeuchtung erreichen könnte. Danach müssen wir also davon ausgehen, daß Grundwasserneubildung auf den Dashtflächen nur dort zustande kommt, wo die Durchfeuchtung sehr groß ist. Dies ist erstens in den Wadis der Fall, zweitens aber auch

---

1) Abstand zwischen Erdoberfläche und Grundwasserspiegel.
2) Freundliche mündliche Mitteilung.

dort, wo die Flüsse auffächern. Somit kann die Basis für die Existenz der Oasen von Tanak als geklärt angesehen werden, da oberhalb Tanak Flüsse auffächern. Südlich von Tanak tritt in einer flachen Hohlform Grundwasser aus, das an dieser Stelle verhältnismäßig üppige Grasfluren bewirkt. Aufgrund der so geschaffenen ausgesprochen guten Weidemöglichkeiten grasen hier neben Schafen auch etliche Rinder. Auf Kartenbeilage 3 wurde diese Lokalität daher als "Weidegründe" eingezeichnet. Das hier austretende Wasser wird durch Versickerung im Bachbett des Moxan-rud ins Grundwasser eingespeist, und dieses ist aufgrund der kurzen Sickerstrecke nur schwach mineralisiert (vgl. Abb. 21 und Kap. 4.6).

Zweifellos ist die Infiltration in den Untergrund dort am stärksten, wo die Flüsse auffächern. Hier vergrößert sich auch die Versickerungsfläche und bedingt damit, solange Abfluß herrscht, daß in der Zeiteinheit mehr Wasser versickern kann als in einem Wadi mit Kastenprofil. Günstig wirkt sich in diesem Zusammenhang aus, daß unter der Sohle der Wadis und auch dort, wo die Flußläufe auffächern, die Gipskruste fehlt, die sonst an vielen Stellen unter der Oberfläche der Dasht vorhanden ist[1].

Da, abgesehen von den Flüssen bei Moxan und Tanak, die Auffächerungszone weiter dashtabwärts liegt und auch das Miozän in Gebirgsnähe in geringer Tiefe ansteht, wird im oberen Teil der Dasht weniger Grundwasser gebildet als in den tieferen Bereichen, obwohl in Gebirgsnähe dazu genügend Wasser vorhanden wäre. Darüber hinaus kann die Dasht den Teil des Grundwassers, das in kleinen, wenig in die Oberfläche eingeschnittenen Rinnen gebildet wurde, nicht halten. Es fließt also nach Beendigung der Regen-

---

1) Für eine frühere Existenz von Gipskrusten im Bereich der Auffächerungszone der Flüsse wurden keine Beweise gefunden. Der Wasserstrom reicht jedoch in diesem Bereich, um sie aufzulösen (vgl. VAN ALPHEN 1971, S. 28).

fälle in die großen, tiefer eingeschnittenen Flußtäler. Dieser
Prozeß findet jedoch nur im Frühjahr zur Zeit der Grundwasserneubildung statt, während die Wadis überwiegend trocken liegen.
In Einzelfällen speisen Quellen kleine Rinnsale über kurze
Strecken.

Der eben beschriebene Abstrom ins Bachbett ist so regelmäßig,
daß einige Nomaden ihren Wanderzyklus darauf einstellen und im
Frühjahr an den Flußläufen im oberen Teil der Dasht ihre Quartiere aufschlagen.

Das Wasser, das im höheren Bereich der Dasht nicht versickern
kann, fließt weiter zu den tieferen Bereichen, wo die quartären
Ablagerungen fast immer aufnahmefähig sind. Bei heftigen Abflüssen und reichlicher Grundwasserbildung strömt dann auch ein Großteil der Wassermassen über die Subsequenzzone hinaus in den See
ab. Vom wasserwirtschaftlichen Gesichtspunkt aus ist dies äußerst
ungünstig, da es einen entsprechenden Wasserverlust bedeutet.

Die Dashtflächen haben nur ein Gefälle von 2 - 1 %. Ein noch geringeres Gefälle von 0,5 - 4 ‰ hat nach ARDESTANI (1973)
der Grundwasserspiegel, so daß die Flurabstände auf den letzten
15 km nördlich der Subsequenzzone von 32 auf 0 m abnehmen. Dieses
geringe Gefälle entsteht durch Grundwasserrückstau von der Subsequenzzone her und durch erhöhte Grundwasserneubildung im Bereich vor der Subsequenzzone (vgl. Kap. 4.8). Die Evapotranspiration kann hier nur in geringem Maße ausgleichend wirken, und auch
die bisherige traditionelle Nutzung konnte bei dem Grundwasserträger keine nennenswerte Tieferlegung des Grundwasserspiegels
erreichen, zumal im Bereich der Sandfraktion eine direkte Grundwasserbildung durch Regenwasser hinzukommt. Dies wird daraus ersichtlich, daß bei einem so dichten Rinnennetz Niederschlagswasser in größerem Maße auch direkt auf die Wasserfläche der Gerinne
fällt und darüber hinaus auch die Porosität des Sandes eine
schnelle und tiefgehende Aufnahme des Niederschlags möglich macht.

Wir müssen also festhalten, daß vor der Subsequenzzone im Bereich der Sandfraktion durchaus auch direkt auf der Basis von Niederschlag, also unter Umgehung des Abflusses, Regenwasser eindringen kann.

Im Bereich der Subsequenzzone dagegen kann kaum noch Wasser versickern, da die Sickergeschwindigkeit, die bei Sand noch 24 cm/Tag beträgt, bei Löß bereits auf 0,5 - 0,7 cm/Tag abnimmt (WILHELM 1966, S. 34). In der Subsequenzzone wird also infolge der feinen Korngrößen das Grundwasser zurückgestaut und steht dicht unter der Erdoberfläche an. Wird sehr viel Grundwasser neu gebildet, wie es im Frühjahr 1975 der Fall war, dann führt dies bei ungenügendem Grundwasserabstrom zum Anstieg des Grundwasserspiegels, wodurch in Lady und Magiri (an der Südseite des Sees) einige Pumpen unter Wasser standen (vgl. Kap. 7.2 und Bild 14).

Setzen wir alle Faktoren, die an der Grundwasserbildung beteiligt sind, in Rechnung, dann ergeben sich Gunsträume, in denen mehr Grundwasser gebildet wird und solche Bereiche, die nicht so bevorzugt sind. Als Gunsträume sind zu nennen: die Gegend nördlich Lady, in der eine große Zahl Gerinne konvergiert und auf der Dasht ausläuft, der Riverwash des Golemorti-rud und das Gebiet um den Calanzohur-rud, das vom Bazman-rud sein Grundwasser bezieht (vgl. Kartenbeilage 4).

4.8   *Das hydrologische System*

Die zur Verfügung stehende Grundwassermenge ist keine Einzelgröße, sondern der Faktor eines Systems, das durch Steuerungsfaktoren, passive und kritische Größen gekennzeichnet ist. Alle diese Faktoren, deren Quantifizierung nur bedingt möglich ist, sind zu einem Netz verknüpft. In diesem Konditionsgitter ist der Niederschlag pro Zeiteinheit die Steuerungs- oder Inputgröße. Schon die Niederschlagsmenge, nur eine Komponente der Steuerungsgröße, ist nicht genau zu erfassen (vgl. Kap. 3.2.2). Über die zeitliche

Dauer der Niederschläge liegen ebenfalls nur unbefriedigende Angaben in der Zeiteinheit von 24 Stunden vor.

Wenn wir nun annehmen, daß eine gegebene Niederschlagsmenge über einen möglichst langen Zeitraum verteilt wird, also als Landregen fällt, ist ein Abkommen der Flüsse schwerer möglich, als wenn eine gegebene Menge in einer kurzen Zeitspanne fällt. Dem Hydrologen, der an der Auffüllung eines Stausees interessiert ist, erscheint Niederschlag in Form von Landregen als ungünstig (vgl. FAO 1973a, S. 8) weil dabei zuviel Wasser verdunstet.

Im Falle eines Starkregens hingegen werden die abfließenden Wassermassen über die Täler der Dasht bis ins Endbecken transportiert. Dabei wird Grundwasser gebildet. Für eine maximale Grundwasserneubildung sind folgende Punkte Voraussetzung:
1. Die Sohle der Flüsse muß wasseraufnahmefähig sein, so daß Infiltration stattfinden kann.
2. Ein Speicher muß vorhanden und so weit geleert sein, daß eine Auffüllung möglich ist.

Der erste Punkt kann auf der Dashtfläche als gegeben angesehen werden, wogegen die zweite Voraussetzung nicht überall erfüllt ist, da in Gebirgsnähe kein Speicher existiert. Der Raum, in dem aber die wasseraufnahmefähigen Schotter so mächtig sind, daß wir von einem Speicher sprechen können, reicht in seinem tieferen Teil bis dicht an die Subsequenzzone, wo feinere Korngrößen die Infiltrationsgeschwindigkeit herabsetzen. Hier muß also die Dasht als bedingt blockiert angesehen werden. Die Folge ist, daß die Nomaden im Frühjahr in diesem Bereich in den auffächernden Riverwashs teilweise nur 50 cm tief graben müssen, um auf süßes Grundwasser zu stoßen[1] (s. Bild 16). Im gebirgsnäheren Teil des Speichers liegt dagegen der Grundwasserspiegel bis zu 32 m unter Flur.

---

[1] Die Verdunstung, die mit HADAS und HILLEN (1972, S. 68) als Funktion der Tiefenlage des Wasserspiegels angesehen wird, nimmt seewärts beträchtlich zu.

Wir müssen also festhalten, daß im gebirgsferneren Teil des Speichers Grundwasserneubildung nur in begrenztem Maße stattfinden kann, da im Laufe des Sommers der Speicher nur bis zu einem bestimmten Grad durch Evapotranspiration und Abstrom geleert wird und daher auch nur die obersten Meter des Aquifers Süßwasser enthalten. Die Pumpen, die in diesem Bereich installiert sind, entnehmen dem Speicher Wasser und schaffen damit Raum für die erneute Infiltration von Süßwasser. Die Qualität des geförderten Wassers (Leitfähigkeit bis zu 8000 Micromhos/cm) deutet allerdings darauf hin, daß bereits das darunterliegende Salzwasser mit abgepumpt wird (vgl. Kap. 7.3.1 und Abb. 26).

COLLIS-GEORGE (1974, S. 282 f.) hat in Laborversuchen festgestellt, daß dann die besten Infiltrationsbedingungen vorhanden sind, wenn die Fläche, die von einer Flut überspült wird, groß ist und die Zeitdauer möglichst lang, so daß sich ein konstanter Zustrom einstellen kann. Eigene Grabungen in den aktiven und inaktiven Partien der Dasht (vgl. Kap. 4.7) zeigen, daß die Laborergebnisse von COLLIS-GEORGE auf das Untersuchungsgebiet angewandt werden können.

Die Auffächerungszone in ihrer konischen Form ist in dem System der Grundwasserneubildung ein aktives Element, das selbst kaum beeinflußt wird, aber großen Einfluß hat. Die Form bewirkt, daß die von der Flut überstrichene Fläche an der Spitze des Fächers klein ist. Dort kann also weniger versickern als in dem Bereich, wo die Distanz zwischen den äußeren Armen des Riverwash zunimmt und somit die von der Flut bestrichene Fläche größer wird. Graduell ausgleichend, aber nicht prinzipiell ändernd, wirkt sich die Kornzusammensetzung der Sohle aus. Zweifellos liegen an der Spitze gröbere Komponenten; diese sind jedoch nicht in der Lage, die um ein Mehrfaches größere Fläche faziell sandiger Sohle zu kompensieren, wenn diese von der Flut bestrichen wird.

Das Abkommen kleinerer Rinnen auf der Dashtfläche trägt zweifellos auch in gewissem Maße zur Grundwasserneubildung bei. Grundwasserneubildung auf der Basis von dashtbürtigem Niederschlag ist jedoch im Verhältnis zu der Grundwassermenge, die durch das Abkommen der großen, aus dem Gebirge gespeisten Flüsse bedingt wird, wesentlich geringer. Im System der Grundwasserneubildung spielen daher die Flüsse, die auch weit größere, niederschlagsreichere Gebirgsareale entwässern, eine entscheidende Rolle.

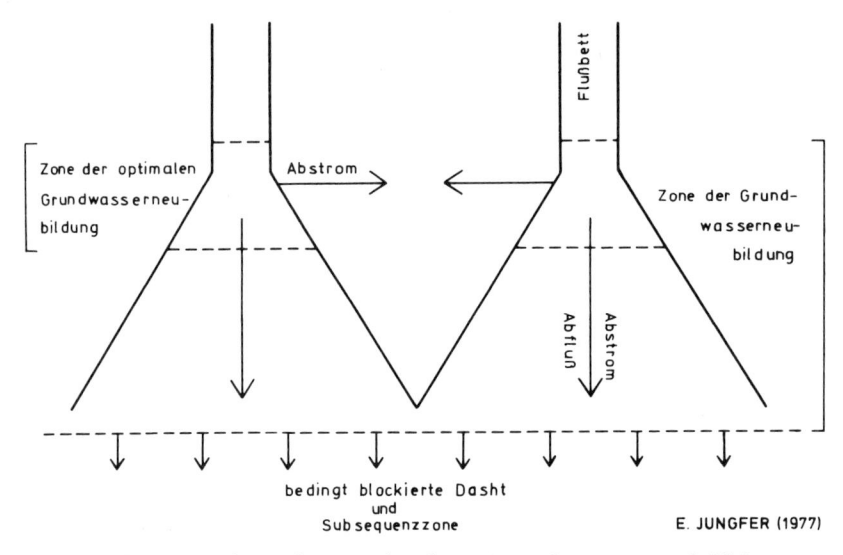

Abb. 16. Zur Theorie optimaler Grundwasserneubildung

Aus den vorliegenden Fakten wird der Einfluß klar, den die Flüsse auf das Gefälle des Grundwasserspiegels haben. Im oberen Bereich der Auffächerungszone (s. Abb. 16, Zone optimaler Grundwasserneubildung) muß die infiltrierte Wassermenge die Räume zwischen den Flüssen ausgleichen. Dies geschieht durch seitlichen Abstrom (Abb. 16, Pfeil). Zusätzlich wird aufgrund der kleineren Fläche hier nicht so viel Grundwasser gebildet als weiter dashtabwärts, wo der Fächer eine größere Breite erreicht, daher mehr Wasser infiltrieren kann und auch der Abstand zwischen den von der Flut überstrichenen Flächen geringer wird. Die Zone optimaler Grundwasserneubildung muß also nicht die Zone maximaler Grundwasserneubildung sein.

Bezogen auf den m^2 kann man davon ausgehen, daß in der Zone optimaler Grundwasserneubildung mehr Grundwasser gebildet wird als weiter dashtabwärts, weil abkommende Wassermengen die tieferen Abschnitte des Fächers oft gar nicht erreichen, im Oberteil beim Abklingen der Flut länger fließen und darüber hinaus ständig ein Abstrom von Grundwasser in den Schottern der Flußsohle stattfindet. Dieses vom Gebirge und den Dashtoberteilen stammende Grundwasser gelangt mit dem Abtauchen des Miozäns in größere Tiefen.

Bezüglich der Erniedrigung des Grundwasserspiegels im tieferen Teil des Fächers spielt die Wasserentnahme durch Kanate eine Rolle (vgl. Kap. 7.3.4).

Großräumig laufen nun allerdings Prozesse ab, die den gesamten Grundwasserhaushalt des Sees verändern. Durch Abpumpen des Grundwassers im Bereich von Bampur, Magiri und im Einzugsbereich des Halil-rud wird der Grundwasserzustrom zum Djaz-Murian vermindert. Zwar stammt der Großteil der Wassermenge des Sees vom Oberflächenzufluß, aber auch hier sind Projekte im Gange, die eine Verminderung des Oberflächenabflusses zur Folge haben. So ist z.B. bei Jiroft (Hossin-abad) ein Damm im Bau, der eine Wassermenge von 400×10^6 m^3 zurückhalten soll, um damit 20 000 ha zu bewässern. All diese Maßnahmen ziehen ein Fallen des Seespiegels nach sich, das seinerseits wieder eine Tieferlegung des Grundwassers im seenahen Bereich und damit eine Versteilung des Grundwasserspiegels im Bereich der Dasht um den See bewirkt. Inwieweit daraus für den Untersuchungsraum Konsequenzen entstehen, kann nur annähernd gesagt werden. Bezüglich der grundwasserabhängigen Vegetation sind Auswirkungen abzusehen, die nach ROBINSON (1952, S. 58) in einer Verminderung der Bestände tropischer Akazien zu Buche schlagen dürften. Weiterhin ist zu erwarten, daß der piezometrische Druck des Salzwasserniveaus nachläßt. Dies beruht, wie noch gezeigt wird (vgl. Kap. 7.3.1), auf der Erniedrigung der Salzwassersäule.

4.9   *Gedanken zur Wasserbilanz*

Zweifellos ist es schwierig, auf der Basis der vorliegenden Klimadaten eine Wasserbilanz aufzustellen. Für das Gebirge sind keine Niederschlagsdaten vorhanden, und die Werte der Stationen auf der Dasht beziehen sich, abgesehen von der in Kapitel 3.2.2 angesprochenen Problematik, auch nur auf kürzere Meßperioden. Wenn dennoch eine Wasserbilanz erstellt werden soll, so liegt das daran, daß ungefähre Angaben für die Erörterung der vorliegenden Thematik unerläßlich sind.

Aufgrund von Vergleichen mit anderen Stationen Belutschistans (vgl. Kapitel 3.2.2) und ganz Irans (vgl. METEOROLOGICAL YEARBOOK 1970 (1974)) kann man davon ausgehen, daß im Gebirge mit einer durchschnittlichen Jahresniederschlagsmenge von etwa 150 mm zu rechnen ist[1] [2].

Dieser Wert wird allerdings in den höheren Lagen sicher überschritten, im westlichen Gebirgsteil etwas unterschritten und ist daher ein auf der Basis von Vergleichsdaten erstellter Durchschnittswert. Für die Dashtflächen soll mit 60 mm Jahresniederschlag bewußt ein niedriger Durchschnittswert angenommen werden, damit alle auf diesem Wert aufbauenden Berechnungen eher zu niedrig als zu hoch erscheinen.

Bei einer prozentualen Abschätzung des Abflußanteils am Niederschlag tritt wiederum eine gewisse Unsicherheit auf, da, wie bereits in Kapitel 4.4 erwähnt wurde, der Abfluß nicht nur von den

---

1) Sowohl die Polygon-Methode als auch die arithmetische Methode sind hier nicht anwendbar, da das Netz der Stationen zu dünn ist.
2) Da die Geländehöhe nicht der allein ausschlaggebende Faktor für die Änderung des Niederschlagsmusters ist, muß hier ein größerer Fehler zugestanden werden (vgl. RAINBIRD 1967, S.22).

Eigenschaften des Einzugsgebiets, sondern auch von klimatischen Faktoren abhängt, die bis jetzt noch unzureichend geklärt werden konnten.

Aufgrund von Vergleichsdaten wird der Abflußkoeffizient auf 0,33 geschätzt. Um dies zu untermauern, muß man darauf hinweisen, daß ein großer Teil des Niederschlags (ca. 50 %) als Starkregen fällt. Weiterhin wird dieser Wert durch Vergleichsdaten anderer iranischer Flüsse und deren Einzugsgebiete gestützt.

Tab. 4: Abflußkoeffizienten für einige Flüsse Irans [1] [2]

Fluß	Einzugsgebiet in km^2	Geschätzter mittl. Jahresdurchschnittsniederschlag		Durchschnittlicher jährlicher Abfluß	Abflußkoeffizient
		mm	Mio. m^3	Mio. m^3	
Zangemar	1590	600	954	225	0,24
Nazu Chai	1780	600	1070	360	0,34
Zarrineh	6890	600	4130	1300	0,31
Jaje-rud	1800	700	1260	400	0,32
Karun	60800	800	48600	17900	0,37
Kor	5100	500	2550	710	0,28

Zweifellos haben die Flüsse, die zur Kaspiniederung führen, einen kleineren Abflußkoeffizienten, da die Vegetationsbedeckung in diesen Gebieten doch weit dichter ist. Der Sefid-rud z.B. liegt mit 0,23 niedriger als die oben angeführten Flüsse.

---

1) Quelle: FAO (1975a, S. 46).
2) Europa ohne UdSSR hat nach LVOVITCH (1974) einen Abflußkoeffizienten von 0,43.

Geht man also bei einem Einzugsgebiet von 2700 km^2 von einem Niederschlag von 150 mm und einem Abflußkoeffizienten von 0,33 aus, dann ergibt sich eine Abflußspende von 135 x 10^6 m^3. Nimmt man für die Dashtflächen 3800 km^2 mit einem zum Abfluß kommenden Niederschlagsanteil von 20 mm an, dann kommen noch 76 x 10^6 m^3 hinzu, was einen Gesamtwert von 211 x 10^6 m^3/Jahr ergibt[1].

Um den Anteil des Niederschlags zu messen, der dem Grundwasser zugeführt wird, also die Grundwasserneubildungsrate, errechnete ARDESTANI (1973) mit Hilfe von Pumpversuchen, wie sie bei KRUSEMAN und DE RIDDER (1973) beschrieben sind, die Grundwasserneubildungsrate in der Größenordnung von 49 x 10^6 m^3 [2]. Bezogen auf obigen überschlagsmäßig errechneten Wert würde dies bedeuten, daß ca. 24 % des Abflusses von Gebirge und Dashtflächen so versickern, daß sie dem Grundwasser zukommen. Im Verhältnis zum Gesamtniederschlag des Gebiets ergibt sich eine Grundwasserneubildungsrate von etwa 8 %. Dieser Wert liegt ausgesprochen niedrig und unter den im allgemeinen angenommenen Werten (vgl. BAHAMIN 1976, S.159). Verständlich wird er dadurch, daß die Zone der Grundwasserbildung nicht unmittelbar am Gebirgsrand beginnt, sondern infolge der Tiefenlage des Miozäns erst etwa auf halbem Weg vom Gebirgsende zur Subsequenzzone. Infiltration ist demnach erst dort möglich, wo die Korngrößen feiner werden! Die Möglichkeit, daß beim Abkommen der Flüsse gerade die Zone erreicht wird, in der Grundwasserbildung stattfindet, setzt ausgesprochen günstige Abflußverhältnisse voraus, die nahezu nie gegeben sind. Je nach Stärke und Dauer des Niederschlags steht also entweder die Evaporation der Grundwasserneubildung entgegen, oder ein hoher Prozentsatz des Wassers wird, ohne grundwasserwirksam zu werden, als Verlustmenge in die Subsequenzzone verfrachtet.

---

1) Bei diesen Berechnungen wurde die Grundwasserneubildung auf der Basis direkten Niederschlags vernachlässigt, da schon eine annähernde Quantifizierung zu problematisch wäre. Der daraus resultierende Fehler dürfte bei der vorliegenden Genauigkeit nicht ins Gewicht fallen.
2) Dieser Wert steht jedoch nicht vollständig für die Nutzung zur Verfügung.

Abschließend muß hinsichtlich des Ausssagewerts dieser Betrachtungen erwähnt werden, daß die Berechnungen von ARDESTANI auf eineinhalbjährigen Messungen basieren und sich in einem regenreicheren oder regenärmeren Jahr sicher andere Werte ergeben hätten. Da jedoch über die Meßperiode und vor allem über die Niederschläge im Jahr vor der Meßperiode keine Klimadaten vorliegen, mußten die Werte von ARDESTANI ohne weiteren Kommentar übernommen werden.

5 WASSERQUALITÄT UND WASSERKLASSIFIKATION

5.1 *Ziel der Wasserklassifikation*

Wasseruntersuchungen[1] werden hauptsächlich durchgeführt, um den Anteil an gelösten Substanzen im Wasser festzustellen. Die chemische Beschaffenheit des Grundwassers, die durch den Anteil an Ionen bestimmt wird, richtet sich nach dem Untergrund, den das Wasser durchläuft. Zu diesem Einfluß des Gesteins auf die Wässer kommt der des Klimas, und zwar dadurch, daß bei Verdunstung die Konzentration der Ionen zunimmt. Trotz dieser klimatischen Einwirkungen kann der Gehalt an gelösten Stoffen Aussagen über die Untergrundverhältnisse machen und Zusammenhänge aufdecken, die mit anderen Analysenmethoden weit aufwendiger erarbeitet werden müßten. Neben der Ermittlung der Wanderwege und der Grundwasserdynamik spielt die qualitative Einordnung der Wässer in allen ariden Gebieten eine entscheidende Rolle, da sich die Verwendbarkeit für die Landwirtschaft und auch die Genießbarkeit für den Menschen nach dem Anteil an gelösten Stoffen richtet. Die Qualität der Wässer stellt also neben der Menge, dem Nachschub und den die Qualität pejorativ beeinflussenden Faktoren das entscheidende Moment für die Bestimmung des Nutzungspotentials dar, zumal die Anforderungen der einzelnen Wasserverbraucher an die Qualität sehr unterschiedlich sind.

5.2 *Einteilungsmöglichkeiten*

Um Wässer besser vergleichen und einordnen zu können, werden Wasserklassifizierungen vorgenommen. Nach dem Grad der Genauigkeit und der bezweckten Aussage werden unterschiedliche Einheiten oder

---

[1] Die zur Wasseruntersuchung verwendeten Methoden sind im Anhang dargelegt.

Klassifikationsschemata verwendet (vgl. CHATTERJI (1969), BANERJI (1969), BIELORAI (1971), MONDAL (1971) u.a.).

Im folgenden wurde die Einteilung des US Salinity Laboratory (RICHARDS et. al. 1954, S. 80) in fünf Leitfähigkeitsklassen zugrunde gelegt. Damit ist es möglich, die Gesamtkonzentration aller Salze entsprechend den Beweglichkeiten der einzelnen Ionen eines Wassers in einer Zahl auszudrücken.

Tab. 5: Qualitätseinteilung des Wassers auf der Basis der elektrischen Leitfähigkeit

Güteklasse	Elektrische Leitfähigkeit (Micromhos/cm)
1	100 - 250
2	251 - 750
3	751 - 2250
4	2251 - 5000
5	über 5001

5.2.1 Die Natriumgefahr

Neben der Gefahr, die durch die Gesamtkonzentration des Bewässerungswassers hervorgerufen wird, besteht weiterhin in allen ariden Gebieten die Möglichkeit, daß das Na^+-Ion (Natrium)[1], das in seiner Wirkung auf den Boden einzigartig ist, in den Sorptionskomplex eintritt, indem es die Ca^{2+}- (Kalzium) und Mg^{2+}-Ionen (Magnesium) verdrängt. Dieser Ersatz durch Natrium führt zur Peptisierung, d.h. der Boden verliert seine Durchläs-

---

[1] Wenn ein Element erwähnt wird, so ist immer die Ionenform gemeint.

sigkeit für Luft und Wasser, ist schwer zu bearbeiten und wirft nur noch geringe Erträge ab. Letzteres beruht hauptsächlich darauf, daß bei Luftmangel kein Wurzelwachstum möglich ist. "RATNER (1944) stated that under such conditions the exchange complex actually removes calcium from the root tissues of the plant and that death may ensue because of calcium deficiency." (RICHARDS 1954, S. 62).

Da der Austauschprozeß Na^+ gegen $Ca^{2+}+Mg^{2+}$ reversibel ist, hängt es also unter anderem vom Verhältnis von Na^+ zu $Ca^{2+}+Mg^{2+}$ ab, ob die Bodenstruktur durch Bewässerung Schaden nimmt.

Die Möglichkeit, daß Ca^{2+} und Mg^{2+} zugunsten von Na^+ verdrängt werden, haben RICHARDS et al. (1954, S. 72) in folgender Gleichung ausgedrückt:

$$SAR^{1)} = \frac{Na^+}{\sqrt{\frac{Ca^{2+} + Mg^{2+}}{2}}}$$

Hierbei versteht sich die Konzentration in mval/l.
Ergibt sich aus der Gleichung ein hoher SAR-Wert, dann ist auch die Gefahr der Natriumanlagerung groß. Obwohl HEM (1970) der Meinung ist, daß der SAR-Wert nur begrenzt für geochemische Überlegungen herangezogen werden sollte, wird er bei fast allen neueren Analysen sofort miterrechnet.

5.2.2   Das Schema des US Salinity Laboratory

Um die beiden Kriterien, nach denen Wässer klassifiziert werden, integriert darzustellen, haben RICHARDS et al. (1954, S. 80) auf der Grundlage früherer Klassifikationssysteme von WILCOX (1948,

---

1) SAR = Sodium-Adsorption-Ratio (Natrium-Adsorptionsverhältnis)

S. 4 f.) und THORNE and THORNE (1951) ein Schema entwickelt, das
beiden Kriterien, der Versalzungs- und der Alkalinisierungsgefahr,
gerecht wird (vgl. Abb. 17). Bei diesem Schema wird die Einteilung in die Leitfähigkeitsklassen 1 - 4 beibehalten (vgl. Kap.5.2).
Der Natriumgefahr wird allerdings bei diesem Schema Priorität ein-
geräumt. Dies ergibt sich aus dem geringen Umfang der vertikal
aufgetragenen SAR-Werte bei ansteigender Leitfähigkeit. Die Linien,
die die einzelnen SAR-Klassen trennen, haben also nach rechts abfallende Tendenz. Dies hat folgende Gründe:
Wenn rein theoretisch gesehen die Verdunstung und die Evapotranspiration gleich Null gesetzt werden, dann könnte der ESP-Wert[1]
im Boden ohne weiteres aus dem SAR-Wert des Bewässerungswassers
vorausgesagt werden, was im Schema von RICHARDS (1954, S. 80)
waagerecht verlaufende Linien zur Folge hätte. In der Praxis bewirken jedoch Verdunstung und Evapotranspiration, daß der SAR-
Wert im Boden ansteigt. Die Ursache dafür liegt in der Ausfällung
der Erdalkaliionen. Die abfallenden Linien beruhen also auf einer
Höherbewertung der SAR-Werte. Dies geht so weit, daß ein Wasser
mit dem SAR-Wert von 8,5 mit ansteigender Konduktivität den Klas-
sen S1, S2 und S3 angehören kann. Obwohl die Bedeutung des SAR-
Wertes etwas überbewertet scheint, liegen doch empirisch gewon-
nene Daten vor, die diese Priorität rechtfertigen.

5.2.3   Bikarbonate

Bedauerlicherweise wurden bis jetzt noch zu wenig Versuche durchgeführt, um den Einfluß der Bikarbonate auf die Bodenstruktur ab-
schätzen zu können. Daher war eine Einarbeitung der Bikarbonatge-
fahr in die SAR-Formel bisher noch nicht möglich. Bikarbonat
stellt insofern eine gewisse Gefahr dar, als im Boden eine Tendenz

---

[1] ESP = Exchangeable-Sodium-Percentage

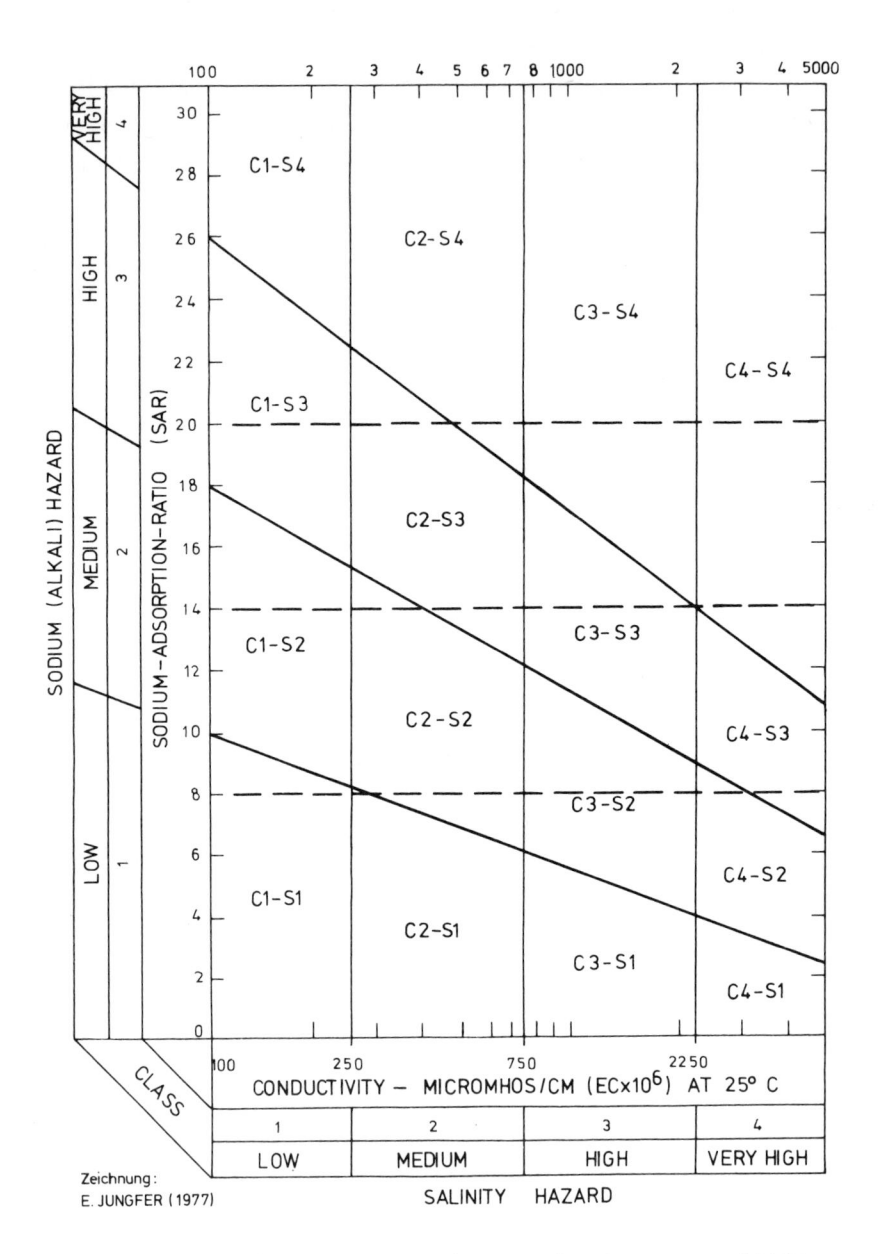

Abb. 17. Schema zur Bestimmung der Wasserqualität.
Aus: RICHARDS et al. (1954, S. 80), vom
Verfasser durch gestrichelte Linien (iranisches SAR-Schema) ergänzt.

zur Verbindung mit Kalzium besteht, was zur Ausfällung von $CaCO_3$ führt. Bei Magnesium ist die Gefahr der Verbindung mit HCO_3^- nicht in dem Maße gegeben. Die Ausfällung von $CaCO_3$ zieht zweifellos einen relativen Anstieg des Natriums nach sich, der die bereits angesprochenen unerwünschten Folgen bewirken kann (vgl. Kap.5.2.2). Wie Studien von EATON (1950, S. 123 f. u. 1951) und WILCOX (1955, S. 11) zeigen, kann Wasser mit 1,25 mval/l HCO_3^- als höchstwahrscheinlich unbedenklich angesehen werden. Wasser mit Beträgen von 1,25 - 2,5 mval/l kann möglicherweise nicht nutzbar sein, Konzentrationen von über 2,5 mval/l sollten im Bewässerungswasser nicht vorkommen. Diese Klassifizierung wird durch die Einbeziehung von Ca^{2+} und Mg^{2+} verbessert, was in der Gleichung

$$RSC^{1)} = (CO_3^{2-} + HCO_3^-) - (Ca^{2+} + Mg^{2+})$$

von EATON (1950, S. 123 f.) zum Ausdruck kommt.
Nach dieser Gleichung ist die Gefahr, daß Erdalkaliionen mit Bikarbonat reagieren, gering, wenn Ca^{2+} und HCO_3^- stark vertreten sind, und zwar in der Größenordnung von etwa 10 mval/l.

5.2.4   Das iranische Schema

Das in Persien gebräuchliche Wasserklassifikationsschema weicht von RICHARDS et al. (1954, S. 80) in einigen Punkten ab. Die Leitfähigkeit ist folgendermaßen gestaffelt:

Tab. 6: Leitfähigkeitsklassifikation des
Ministry of Water and Power

Güteklasse	Leitfähigkeit	in Micromhos/cm
C1	50 - 750	EC x 10^6/cm
C2	750 -1250	" "
C3	1250 -2250	" "
C4	über 2250	" "

---

1) RSC = residual sodium carbonate

Die Einteilung erscheint den Verhältnissen im Arbeitsgebiet durchaus angepaßt, da Wässer unter 500 Micromhos/cm nicht vorkommen. Daß aber die konduktivitätsabhängige Gliederung der SAR-Werte nicht übernommen wurde, befremdet doch, da gerade in Persien der Faktor Verdunstung entscheidende Bedeutung für die Landwirtschaft hat (Ministry of Water and Power 1968, S. 345). Darüber hinaus liegen im Arbeitsgebiet die SAR-Werte so niedrig, daß eine Verwendung der Gliederung von RICHARDS et al. (1954, S. 80) weit sinnvoller erschiene.
Die persische Gliederung hat folgende Einteilung:

Tab. 7: Einteilung der SAR-Werte des
Ministry of Water and Power

Güteklasse	SAR-Wert
S1	0 - 8
S2	8 - 14
S3	14 - 20
S4	über 20

Für die landwirtschaftliche Nutzung bedeutet dies, daß bei Wässern der Gruppe C4-S3 oder C3-S4, die nach der Bewertung des Hydrology Department des Ministry of Water and Power zur Bewässerung geeignet sind, größte Vorsicht herrschen sollte, da hier nach RICHARDS et al. (1954) die akute Gefahr der Bodenversalzung besteht.

5.2.5   Trinkwassergüte

Trinkwasserklassifikationen wurden bisher in Persien nicht aufgestellt, da in Iran so wenig Wasser zur Verfügung steht, daß man an vielen Orten keine Wahl zwischen mehr oder weniger versalzenen Wässern hat. Da die Bauern in den wenigsten Fällen in der Lage sind, Wasser kilometerweit zu transportieren, sind sie gezwungen, das gleiche Wasser als Trinkwasser zu benutzen, das zugleich zur

Versorgung des Viehs und zur Bewässerung dient. Der aus der Wasserarmut herrührende Genuß "minderwertigen Wassers" führt nach NADJI-ESFAHANI (1971, S. 156) zu einer Großzahl an Krankheiten.

Um einen Maßstab für die Brauchbarkeit des Wassers im Arbeitsgebiet zu erhalten, wurden die Grenzwerte der Trinkwasserklassifikation nach dem US Public Health Service (1962) zum Vergleich für die wesentlichsten untersuchten Ionen herangezogen.

Tab. 8: Trinkwasserklassifikation des US Public
Health Service (MATTHESS 1973, S. 276)

Inhaltsstoff	mg/l	mval/l
Na^+	200	8,7
Ca^{2+}	200	10,0
Mg^{2+}	125	10,3
HCO_3^-	500	8,2
Cl^-	250	7,0
Gesamthärte[1]		2 - 10

5.3   *Die Wasserqualität im Raum Bazman*

Die Wasserqualität im Raum Bazman ist sehr unterschiedlich. An der höchsten Stelle der Oase entspringt bei ca. 1000 m eine 36°C warme Quelle, deren Wasser nach eigenen Untersuchungen als zweitklassig[2] bezeichnet werden kann (Probe 1).

---

1) Da hierfür vom US Public Health Service (1962) kein Wert vorliegt, wurde der Wert der Europäischen Gesundheitsorganisation (MÜLLER 1971) übernommen (zitiert nach MATTHESS 1973, S. 276).

2) Um einen besseren Vergleich mit den Analysen von ARDESTANI (1973) zu ermöglichen, lege ich das Klassifikationsschema des Ministry of Water and Power zugrunde (vgl. Abb. 17 und 5.2.4).

Die elektrische Leitfähigkeit (EC x 10^6/cm) liegt bei 1000, also über 750 Micromhos/cm (Grenze von C1 zu C2). Auch die Brunnen (s. Abb. 18), zeigen nur eine geringe Zunahme (1100 Micromhos/cm) der Leitfähigkeit. Neben der warmen Quelle, die der größte Wasserlieferant der Oase ist, gibt es im westlichen Teil noch eine kältere Quelle, die mit 22°C entspringt und eine Leitfähigkeit von 1800 Micromhos/cm aufweist (Probe 6). Nach der Qualitätseinteilung liegt also hier ein C3-Wasser vor. Der Qualitätsunterschied kommt auch im Chloridgehalt zum Ausdruck, der von der warmen Quelle bis zu den Brunnen von 5,5 mval/l auf 6,2 mval/l ansteigt. Bei der kalten Quelle (Ab-sard) wurden dagegen 9,6 mval/l gemessen.

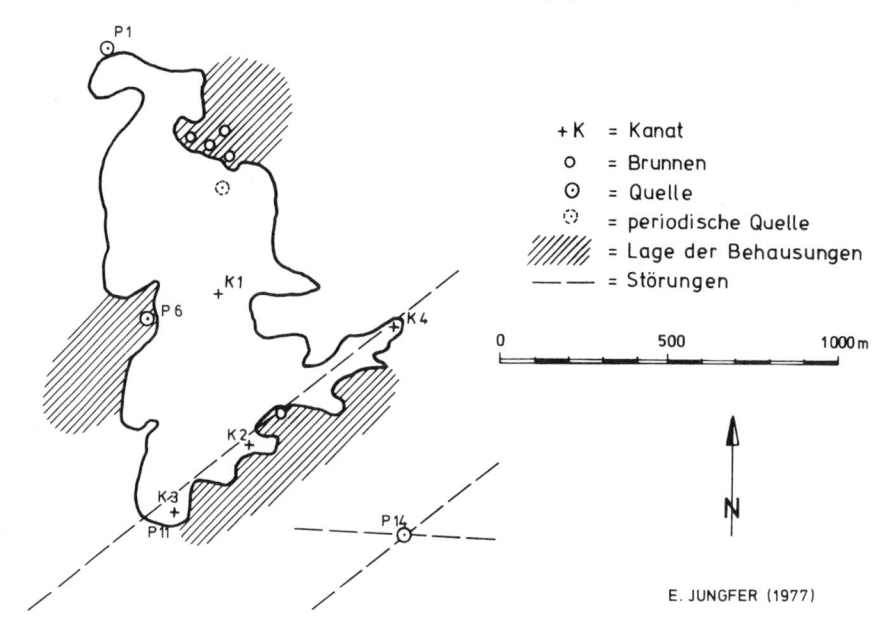

Abb. 18. Schematische Darstellung der Oase Bazman

Verfolgt man den Kanat Calgar-zan (K1), der in der Mitte der Oase seine Austrittsstelle hat, weiter nach Nordwesten, dann sieht man, daß dieser die gleiche Wasserader anzapft, die die kalte Quelle speist. Beide Wässer haben fast den gleichen Gehalt an Chlorid, Kalzium und Hydrogenkarbonat.

Die drei oben genannten Wasserquellen stellen die Grundlage der
Trinkwasserversorgung der Oase Bazman dar. Weiter im Süden der
Oase wurden zwar noch etliche Kanate gegraben, das Wasser ist jedoch so versalzen, daß es selbst als Bewässerungswasser kaum noch
verwendet werden kann. Verursacht wird die Verschlechterung der
Wasserqualität durch Störungen im Granit, durch die höher mineralisiertes Wasser nach oben dringt. Deutlich wird die schlechte
Wasserqualität der Kanate Calcuchac (K2) und Shah-baba (K3) am
Chloridgehalt, der 23,4 mval/l und 35,5 mval/l beträgt. Der weiter östlich liegende Kanat Pirzohran (K4), der während unseres
Aufenthalts einstürzte, hat nur 9,9 mval/l Cl^-. Nach der Leitfähigkeit (5500 Micromhos/cm) wird der Kanat Shah-baba als C4-Wasser eingestuft.

Südlich von Bazman laufen dann noch weitere Störungen nahezu parallel durch den Granit, was zu Höhenunterschieden im Gelände von
bis zu zwei Metern führt. Auf dem Luftbild sind solche Störungen
durch stärkeren Pflanzenwuchs zu erkennen. Am Schnittpunkt der
Störungen (vgl. Abb. 18) entspringen aus dem Granit Quellen,
deren Wasser abgeleitet und zur Bewässerung genutzt wird, obwohl
dieses Wasser mit 4700 Micromhos/cm zum Anbau wenig geeignet ist.
Der Chlorid- bzw. Natriumgehalt liegt mit 33,1 mval/l und 36,2
mval/l ebenfalls sehr hoch.

Die Analysenwerte der warmen und kalten Quelle in Bazman (Probe
1 u. 6), das Kanatwasser von Shah-baba (Probe 11) und das Wasser
am Schnittpunkt der Störungen (Probe 14) sind in Abb. 19 in einem
semilogarithmischen Vertikaldiagramm nach SCHOELLER (1935, S.651 f.)
dargestellt.

Bei einer Beurteilung der Wässer für Trink- und Bewässerungszwecke erweist sich das Wasser der warmen Quelle in Bazman sogar
im internationalen Vergleich als sehr gut, da vor allem der Chloridgehalt unter dem allgemein als Geschmacksgrenze[1] angenommenen

---

1) Nach Din 2000 soll Trinkwasser nicht mehr als 250 mg/l Cl^-
(entspricht etwa 7 mval/l) enthalten.

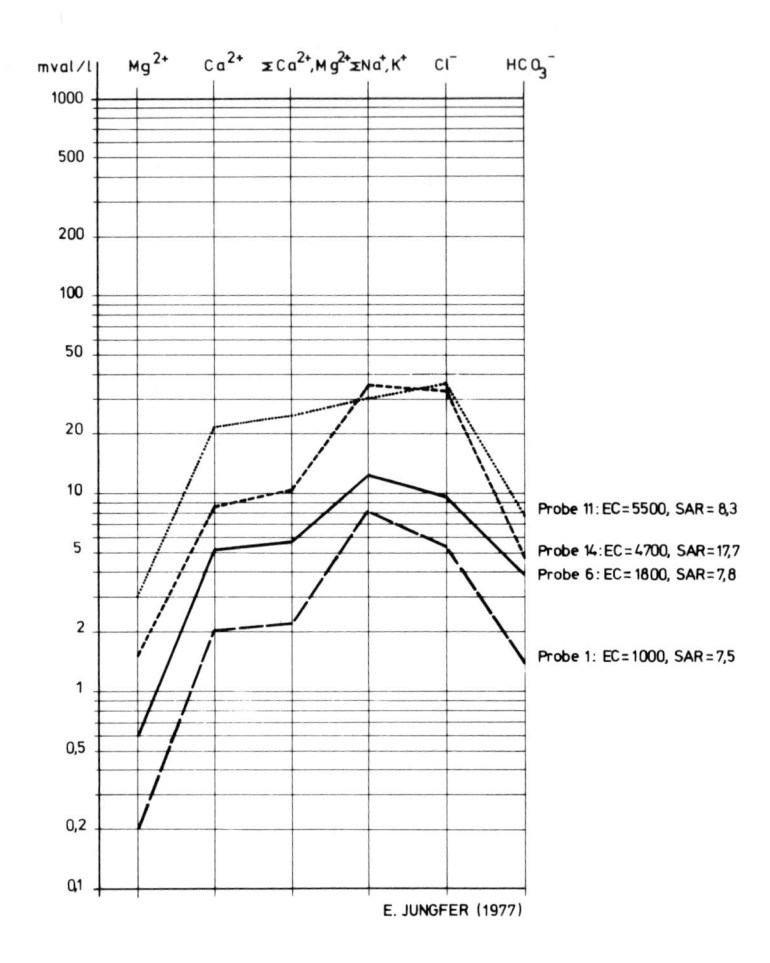

Abb. 19. Graphische Darstellung von Probe 1 (warme Quelle in Bazman), Probe 6 (kalte Quelle in Bazman), Probe 11 (Kanatwasser von Shahbaba, K3) sowie Probe 14 (Quellwasser vom Schnittpunkt der Störungen südlich von Bazman) in einem semilogarithmischen Vertikaldiagramm nach SCHOELLER (1935, S. 651 f.). Alle Angaben in mval/l.

Wert von 7 mval/l liegt. Für die Landwirtschaft kann das Wasser nach der Leitfähigkeit und dem SAR-Wert mit C2-S1 eingestuft werden. Die kalte Quelle, Ab-sard, hat dagegen nur ein C3-S1-Wasser, der Kanat Shah-baba ein C4-S2-Wasser. Das an den Stufen austretende Wasser hat durch seinen geringen Gehalt an Ca^{2+}-Ionen ein C4-S3-Wasser und ist damit noch zum Anbau zu verwenden.

5.4   *Die Wasserqualität von Ziarat und Hudejan*

Die beiden nördlichen Quellen von Ziarat haben mit einer Leitfähigkeit von 730 Micromhos/cm (Probe Z1) und 620 Micromhos/cm ebenfalls ein sehr gutes Wasser und werden aufgrund der übrigen Charakteristika der Klasse C1-S1 zugeordnet. Nach einer geringen Laufstrecke bekommt der von den Quellen gespeiste Bach jedoch unterirdisch Zufluß. Das daraus resultierende Wasser hat eine schlechtere Qualität und wird der Gruppe C3-S1 (Probe Z4) zugeordnet. Bemerkenswert an diesen Quellen ist jedoch der niedrige Chloridgehalt des Wassers, der in allen Fällen unter 2,8 mval/l liegt. Die sehr niedrigen SAR-Werte resultieren aus dem geringen Na^{+}-Gehalt der Wässer (vgl. Abb. 20).

Im Gegensatz zur Wasserqualität der warmen Quelle in Bazman hat die ebenfalls 37°C warme Quelle in Hudejan (Probe 209) keine so gute Qualität. Mit 1700 Micromhos/cm liegt sie höher. Das Wasser der kalten Quelle in Hudejan (Probe 210) ist dagegen mit 1440 Micromhos/cm schwächer mineralisiert. Diese qualitativ bessere Einstufung beruht auf dem geringeren Gehalt an Na^{+} und Cl^{-}. Vom Gesichtspunkt der Bewässerung aus werden beide Quellen in die Gruppe C3-S2 gestellt, wobei die Natriumgefahr bei der warmen Quelle, die einen SAR-Wert von 12,6 hat, größer ist als bei der kalten Quelle mit 8,8 (vgl. Abb. 20).

Zur gleichen Gruppe zählt das Quellwasser von Panzareh nördlich von Bazman, das mit einer Leitfähigkeit von 1250 Micromhos/cm (SAR 11,3) mit allen Ionengehalten tiefer liegt (vgl. Abb. 21).

Erstaunlich ist bei dieser Quelle, daß die Karbonathärte höher ist als die Gesamthärte (Differenz 1,4 d^o). Dies bedeutet, daß ein Teil des Hydrogenkarbonats nicht an Ca^{2+} oder Mg^{2+}, sondern an Na^+ gebunden ist. Würde dies bei Wässern in der Dasht auftreten, wäre ein Salzwasserandrang zu vermuten. Bei den Wässern aus den Vulkaniten ist dies jedoch schwer vorstellbar.

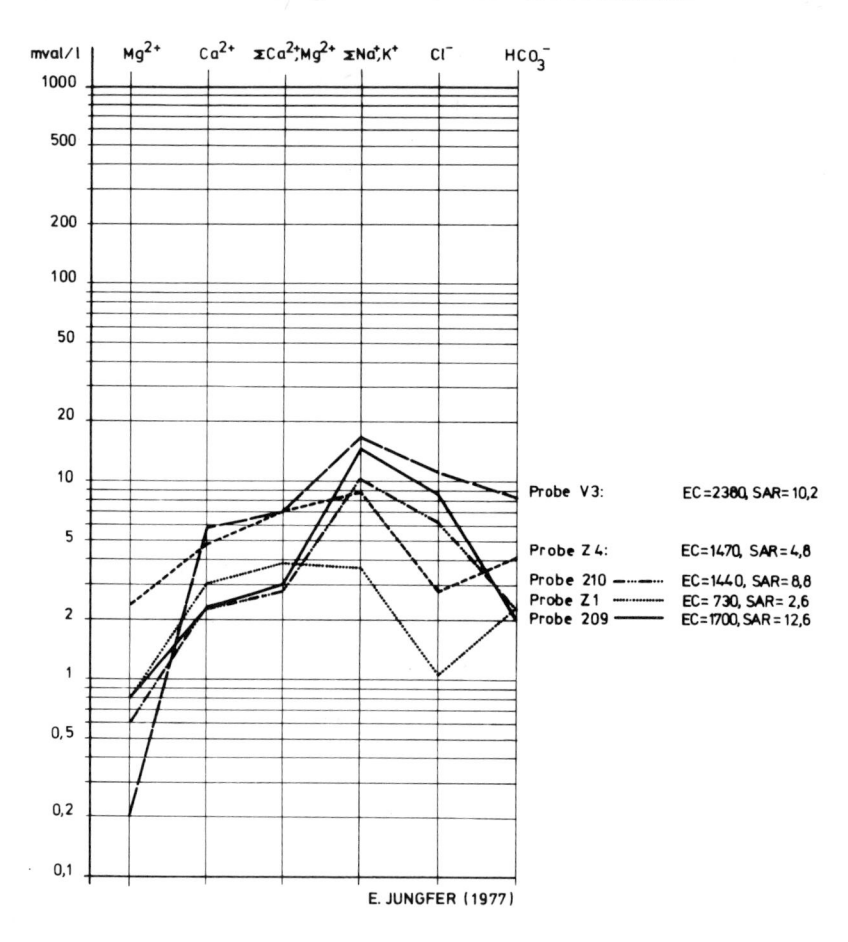

Abb. 20. Graphische Darstellung von Probe Z1 (Ziarat, höchste Quelle), Probe Z4 (aus dem Bachbett von Ziarat kurz vor der Versickerungsstelle), Probe 209 (warme Quelle von Hudejan), Probe 210 (kalte Quelle im Bachbett von Hudejan) sowie Probe V3 (Karstquelle im Bachbett des Kahur-rud) in einem semilogarithmischen Vertikaldiagramm nach SCHOELLER (1935). Alle Angaben in mval/l.

Alle Gebirgsoasen haben für die dortigen Verhältnisse noch relativ gutes Wasser, da sich die Leitfähigkeit auf verschiedene Ionen verteilt und bei den Anionen neben Chlorid auch Sulfat stark vertreten ist. Vergleicht man sie jedoch mit anderen Gebirgsoasen, z.B. Deh-bala im Shir-kuh-Gebiet, so wird der Qualitätsunterschied deutlich. Die Oase Deh-bala, die allerdings auch höher liegt, hat nach Auswertung der Proben, die am 24.5.76 entnommen wurden, kein Wasser über 500 Micromhos/cm. Die SAR-Werte liegen dort unter 1.

5.5   *Karstwässer*

Übereinstimmende Merkmale der Quellwässer aus den paläozoischen Kalken gibt es nicht. Die Leitfähigkeit schwankt zwischen 990 Micromhos/cm bei Nachlestan und 2380 Micromhos/cm bei den Quellen westlich von Nachlestan im Einzugsbereich des Kahur-rud (Probe V3). Der Ca^{2+}-Gehalt liegt bei den Quellen von Moxan mit 3,6 mval/l am niedrigsten, der höchste Wert wurde bei Probe V3 registriert (vgl. Abb. 20 und Abb. 21).

5.6   *Höher mineralisierte Wässer*

Im Gegensatz zu allen bisher angesprochenen Wässern, die jederzeit eine Nutzung von der Qualität her gestatten, stehen Wässer, deren spezielle Quellsituation bereits angesprochen wurde (vgl. Kap. 4.5.2). Das Wasser mit der höchsten Konzentration schüttet eine Quelle südlich von Sorgah (Probe 32); es hat eine elektrische Leitfähigkeit von 27910 Micromhos/cm. Die Quellen des Calan-zohur-rud (Probe 205)[1] liegen mit 25730 Micromhos/cm dicht unter dem obigen Wert. Im Verhältnis dazu hat die 46°C heiße Quelle

---

1) Alle Nummern über 200 beziffern Wasseraustritte am Gebirgsrand zwischen Moxan und Khosri.

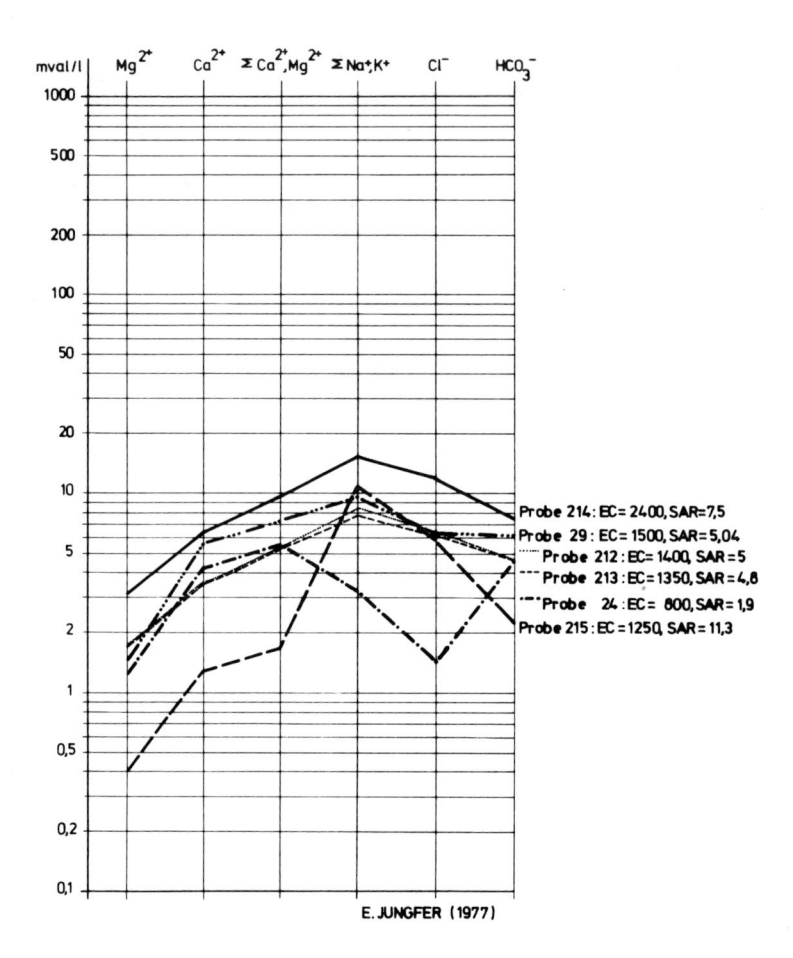

Abb. 21. Graphische Darstellung von Probe 212, 213 (Moxan), 214 (Ab-e-garm 32°C), 215 (Panzareh), 29 (Sorgah) und 24 (Weidegründe) in einem semilogarithmischen Vertikaldiagramm nach SCHOELLER (1935). Alle Angaben in mval/l.

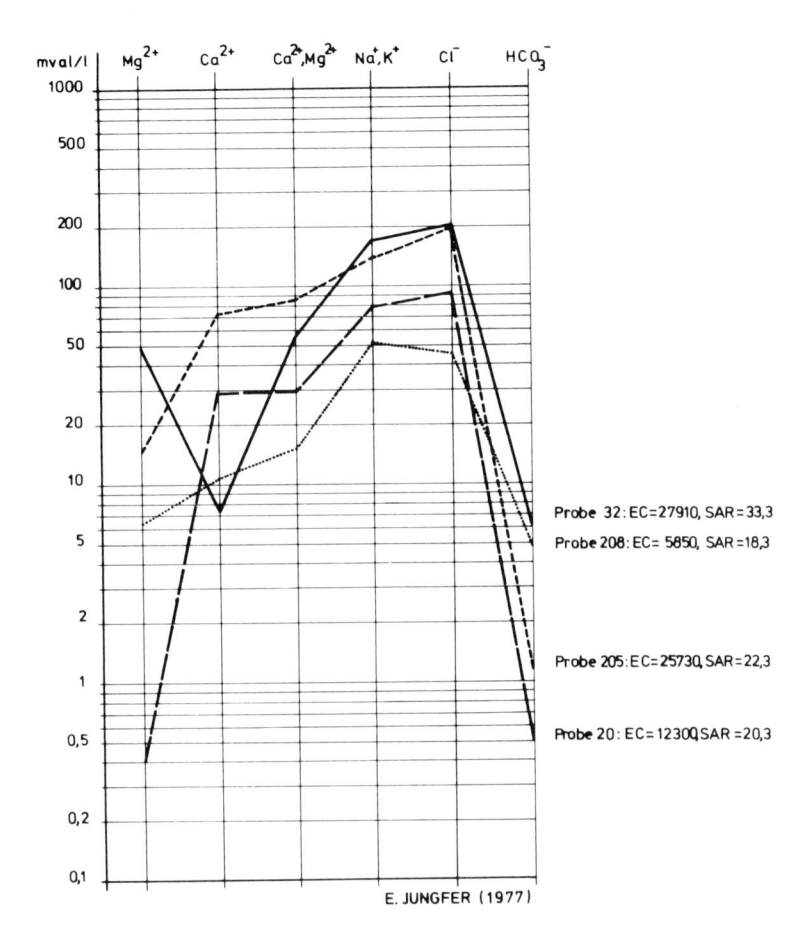

Abb. 22. Graphische Darstellung von Probe 20 (Thermalquelle südöstlich von Moxan, Ab-e-garm), Probe 32 (südöstlich von Sorgah), Probe 205 (Quellen des Calanzohur-rud) sowie Probe 208 (Kuchec-ab am Gebirgsrand westlich des Golemortirud) in einem semilogarithmischen Vertikaldiagramm nach SCHOELLER (1935). Alle Angaben in mval/l.

östlich von Moxan mit 12300 Micromhos/cm einen geringen Minerali-
sierungsgrad. In der Nähe dieser Quellen sind bis auf die Stelle
südlich von Sorgah (Probe 32), wo sogar Palmen stehen, nur halophile Gräser zu finden.

5.7   *Die Wasserqualität im Bereich der Dasht*

Wenn wir von den Mineralwässern absehen, die am Gebirgsrand aus
dem Granit austreten, dann ist im Gebirge die Wasserqualität vom
Gesichtspunkt der Landwirtschaft aus als durchaus zufriedenstellend anzusehen. Bei keiner Quelle wird ein C4-S4-Wasser registriert, das für den Anbau nicht mehr verwendet werden könnte.
Im Bereich der Dasht liegen dagegen nicht so gute Wässer vor.
ARDESTANI (1973) hat mit Hilfe von Tiefbrunnen Wasser aus den
oberen 60 - 90 m der Dasht gefördert und dieses auf seinen Mineralgehalt untersucht. Nach seinen Untersuchungen erstellte er
eine Karte der Wasserqualität im Bereich der Dasht (s. Kartenbeilage 1). Wie wir sehen, befindet sich das beste Wasser zwischen Chah Alvand im Westen und Calanzohur im Osten. Die Linien
gleicher Qualität laufen gewunden, wobei eine Zunahme des Mine-
ralgehalts von Norden nach Süden und von Osten nach Westen festzustellen ist. Die Windungen der Grenzlinien gleicher Qualität
spiegeln zum Teil die Ernährung des Grundwassers durch Flüsse
wider. Die nach Osten gerichtete Linse schwächer mineralisierten
Wassers bei Calanzohur soll durch das Zusammenwirken zweier Strömungen, einer von Osten nach Westen gerichteten, die parallel
zum Bampur-rud verläuft, und einer von Norden nach Süden gerichteten, zustande kommen. Letztere wird von der aus Osten nach
Westen gerichteten Strömung nach Westen abgedrängt. Durch diese
beiden Strömungen allein läßt sich diese Linse jedoch nicht zureichend erklären, da in diesem Fall aus strömungstechnischen
Gründen ein Haken an der Spitze der Linse in Richtung Südwest
vorhanden sein müßte.

In Teheran konnte eine Karte eingesehen werden, auf der die Linien gleicher Leitfähigkeit dargestellt wurden. Auf dieser Karte war an der angesprochenen Stelle auch eine Ausbuchtung, allerdings nach Süden, vorhanden. ARDESTANI (1976)[1] konzedierte dem Verfasser, daß die nach Südosten vorspringende Linse qualitativ besseren Wassers durchaus auf eine zu starke Generalisierung bzw. auf die Gruppierung in Qualitätsklassen zurückgehen könnte.

Um der Lösung dieses Problems näherzukommen, habe ich im Sommer 1975 und Frühjahr 1976 zahlreiche Brunnen von Jabr-abad bis Gazgar sowie in der Gegend von Chah Alvand beprobt und die Proben auf Mineralgehalt und Leitfähigkeit untersucht. Zur Einschränkung der Aussagekraft muß allerdings bemerkt werden, daß es sich bei diesen Brunnen um halbtiefe handelt. Die Analysendaten geben also die Qualität des Wassers bis in eine Tiefe von maximal 25 m wieder. Dies macht weder eine Bestätigung noch eine Ablehnung der Karte von ARDESTANI (1973) möglich, bietet aber für die Landwirtschaft einen weit besseren Anhaltspunkt, da mit dem Wasser dieser Brunnen die Dasht zum größten Teil bewässert wird. Die Tiefbrunnen, die ARDESTANI abteufen ließ, sind bis jetzt noch nicht in den Produktionsprozeß einbezogen worden, da sie geschlossen und noch im Besitz der Privatfirma sind[2]. Aus diesen Brunnen konnten somit keine Proben entnommen werden.

Im Bereich der Calanzohur Farm (vgl. Kap. 7.2) wurden ab 1973 einige halbtiefe Brunnen abgeteuft. Darüber hinaus ließ das Ministry of Water and Power in der nach Osten vorspringenden Linse, wo man besseres Wasser erwartete, 10 Tiefbrunnen anlegen und die Wässer dieser Brunnen untersuchen. Die Ergebnisse von eigenen Analysen der halbtiefen Brunnen und einiger repräsentativer Analysen des

---

1) Freundliches Gespräch in Teheran.
2) Wenn ein Ingenieurbüro im Auftrag einen hydrologischen Survey durchführt, verbleiben die Brunnen in seinem Privatbesitz. Bei Bedarf kann die Firma nach muslimischem Wasserrecht dann die Brunnen an Interessenten gegen hohes Entgelt verkaufen.

Ministry of Water and Power sind in Abb. 23 bzw. 24 sowie auf Kartenbeilage 2 dargestellt.

Nach diesen Analysen, die ARDESTANI noch nicht vorlagen, ist es möglich, die Wasserverhältnisse in dieser Gegend genauer zu diskutieren. Danach ergibt sich folgendes Bild: Der Ionengehalt des Wassers von Pumpe Nr. 5 deutet nach Abnahme der Leitfähigkeit im Vergleich mit weiter östlich liegenden Brunnen darauf hin, daß die Wasserqualität in Richtung auf den Calanzohur-rud zunimmt, was nach den Gesetzmäßigkeiten der Grundwasserneubildung logisch erscheint (vgl. Kap. 4.7). Auch von der Calanzohur Farm nach Osten zum Fluß geben die Wässer der Pumpen Nr. 108 mit einer Leitfähigkeit von nur 720 Micromhos/cm und Nr. 109 südlich davon mit 1060 Micromhos/cm einen Hinweis auf die bessere Wasserqualität in Flußnähe[1]. Pumpe Nr. 26, etwa 1600 m südlich der Station, zeigt aufgrund ihres C4-S3-Wassers, wie schnell die Qualität nach Süden zu abnimmt (vgl. Kartenbeilage 2).

Mit größerem Abstand vom Flußufer muß dann das Prinzip: "Konstant abnehmende Wasserqualität mit zunehmender Distanz vom Flußufer" eingeschränkt werden. Oftmals stören hier einzelne, lokale Süß- oder Salzwasserkissen das Bild. Dies wird vor allem durch einen Wasservergleich zwischen Brunnen Nr. 8 und Nr. 9 deutlich. Der dichter am Calanzohur-rud gelegene Brunnen Nr. 9 hat mit 2770 Micromhos/cm weit höher mineralisiertes Wasser als Brunnen Nr. 8 (1160 Micromhos/cm), der weiter vom Flußufer entfernt liegt.

Die Analysen der Tiefbrunnen, die teilweise in Abb. 24 und Kartenbeilage 2 dargestellt wurden, dürfen nicht mit den Analysen der halbtiefen Brunnen verglichen werden, da Wasser im oberen Bereich des Aquifers in der Regel schwächer mineralisiert ist als das aus

---

1) Alle Pumpen mit 100er-Nummern befinden sich im Privatbesitz. Die Pumpen mit Nummern unter 100 waren bis 1976 noch vollständig Staatseigentum.

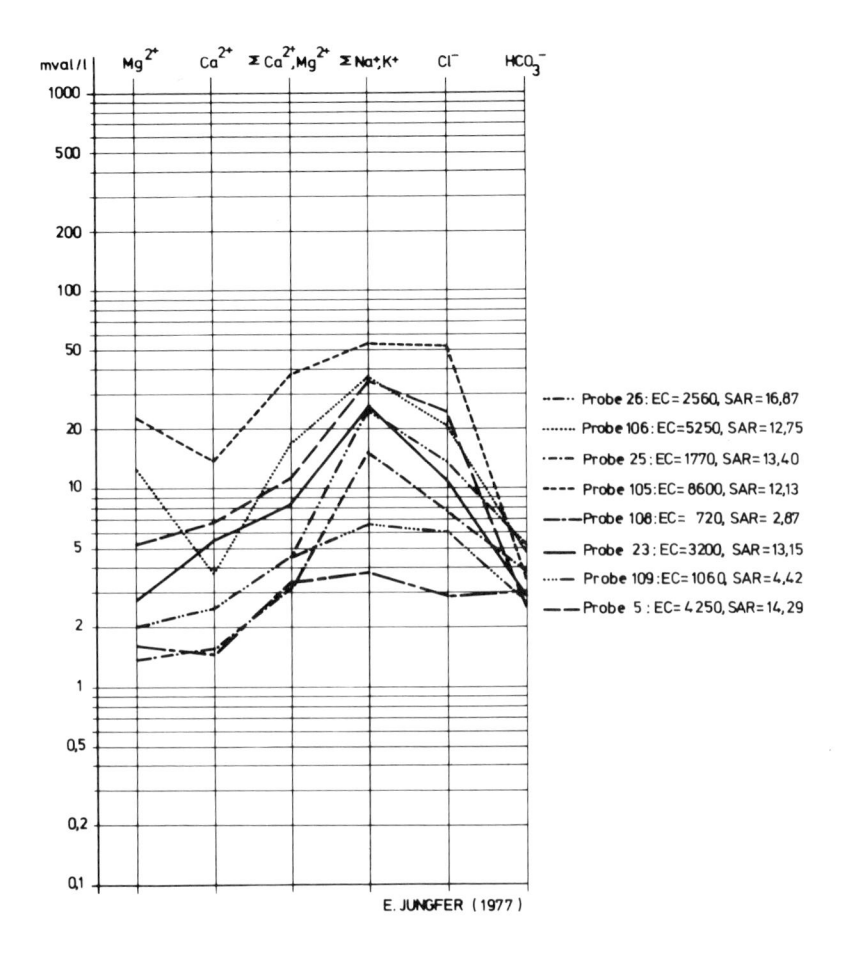

Abb. 23. Graphische Darstellung von Probe 5, 23, 25, 26, 108 und 109 (alle Calanzohur) sowie 105 und 106 (Raum Dalgan) in einem semilogarithmischen Vertikaldiagramm nach SCHOELLER (1935). Sämtliche Proben wurden aus halbtiefen Brunnen entnommen (vgl. Kartenbeilage 2). Angaben in mval/l.

- 96 -

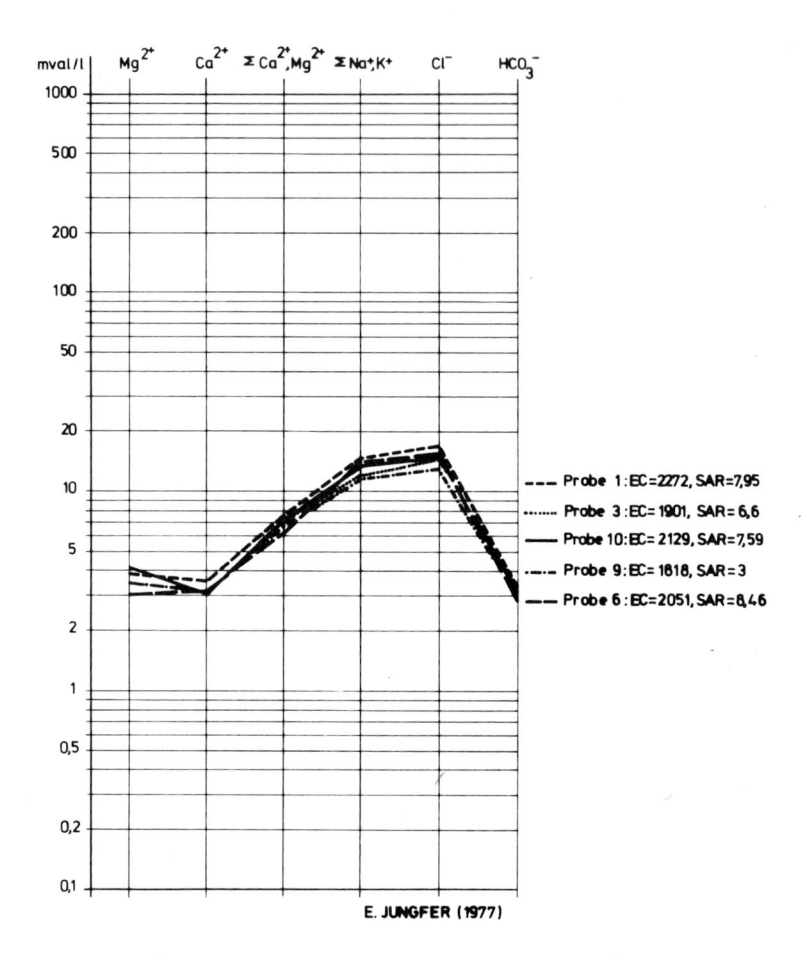

Abb. 24. Graphische Darstellung der Proben 1, 3, 6, 9 und 10 aus dem Raum nordwestlich Calanzohur in einem semilogarithmischen Vertikaldiagramm nach SCHOELLER (1935). Sämtliche Proben wurden aus Tiefbrunnen entnommen (vgl. Kartenbeilage 2). Angaben in mval/l, Quelle: Ministry of Water and Power, Zahedan.

größerer Tiefe geförderte. Interessant ist allerdings, daß die
Analysen dieser Wässer nicht, wie nach ARDESTANI (1973) zu erwarten wäre, ein C2-S1-Wasser liefern, sondern C3-S1, C3-S2 und
C4-S1. In keinem Fall ist C2 dabei. Es soll daher festgehalten
werden, daß die Wasserqualität in dieser Süßwasserlinse umstrit-
ten ist. Zur Erklärung der unterschiedlichen Qualitätsangaben
bieten sich zwei Möglichkeiten an. Entweder hat sich die Wasserqualität im Bereich der Süßwasserlinse durch übermäßiges Abpumpen bereits um mindestens 800 Micromhos/cm verschlechtert (vgl.
Kap. 7.3.1) oder die Zeichnung von ARDESTANI (1973) ist sehr
stark generalisiert dargestellt.

Ich neige nach Abwägung aller Ergebnisse zu der Annahme, daß
Linien gleicher Wasserqualität im Bereich der Dasht nicht ohne
größere Fehler gezogen werden können. Folgende Gründe sind dafür
maßgeblich:

Zum einen treten Unregelmäßigkeiten auf, da sich zwei Prinzipien
überlagern. So wird, wie ARDESTANI bestätigte, Grundwasser in
den Flüssen gebildet, was zu oben geschilderter Qualitätsabnahme -
vom Ufer weg - führt. Dies würde parallel zum Fluß verlaufende
Linien nach sich ziehen. Gleichzeitig werden die qualitätsmin-
dernden Faktoren (kleinere Korngröße, Evaporation, Evapotranspiration) mit Annäherung an die Subsequenzzone wirksam. Die Kon-
sequenz wären parallel zur Subsequenzzone verlaufende Linien.
Diese zwei Prinzipien sind jedoch nicht ständig gleich stark
wirksam. So wird z.B. der Einfluß eines nach langer Trocken-
zeit - mit Teilentleerung des Aquifers - kräftig abkommenden
Flusses weit über die ufernahen Bereiche hinaus reichen und damit Süßwasser dort zur Infiltration bringen, wo aufgrund des
anderen Prinzips bereits schlechteres Wasser vorhanden sein
müßte.

Zum anderen treten größere Unregelmäßigkeiten auf, weil der Aquifer, wie die Bohrungen deutlich belegen, inhomogen ist. Deshalb

können wir davon ausgehen, daß je nach Lokalität und Zeit das eine oder andere Prinzip vorherrscht.

Darüber hinaus soll in diesem Zusammenhang darauf verwiesen werden, daß bei der Erstellung einer Karte gleicher Grundwasserqualitätsprovinzen von punkthaften Untersuchungen auf Flächen und Körper geschlossen werden muß. Zudem ist Grundwasser ein dynamisches Element, das seine Qualität in Abhängigkeit von Abstrom, Entnahme usw. verändert. Linien gleicher Wasserqualität, wie sie auf Kartenbeilage 2 dargestellt sind, können somit nur "Anhaltspunkte" für die Nutzung darstellen. Ist eine bestimmte Wasserqualität für ein entsprechendes Anbauprodukt notwendig, muß immer erst an Ort und Stelle entschieden werden, ob die gewünschte Qualität auch wirklich vorliegt.

Um zu zeigen, wie bedeutsam diese unerwarteten Qualitätsunterschiede sein können, soll noch ein weiteres Beispiel aus der Gegend von Dalgan (etwa 2,5 km nordwestlich des Ortes) angeführt werden. Dort liegen in einem Dünengebiet zwei Pumpen in einem Abstand von etwa 800 m. Zwei Überprüfungen im Lauf von vier Wochen ergaben für Pumpe Nr. 105, der nördlichen, die eigentlich besseres Wasser fördern müßte, 8600 Micromhos/cm. Das Wasser der weiter im Süden gelegenen Pumpe Nr. 106 wies dagegen nur 5250 Micromhos/cm auf[1]. Der Qualitätsunterschied dieser beiden Wässer ist bei einer Entnahmedistanz von 800 m so stark, daß obige Relativierung, die auch für Kartenbeilage 2 gilt, gerechtfertigt erscheint.

5.8   *Gründe für die Versalzung der Wässer*

Die Ursache der Wasserversalzung ist hauptsächlich ein klimatisch bedingtes Problem. Geologische Faktoren spielen dabei zwar oft eine entscheidende Rolle, sind im allgemeinen jedoch untergeord-

---

1) Die Analysenwerte von Nr. 105 und 106 sind in Abb. 23 dargestellt.

net. Mit der Anreicherung des Regenwassers beschäftigen sich in Persien vor allem RUTTNER und RUTTNER-KOLISKO (1972, S. 12; 1973, S. 1751 f.).

"*Rainwater* contains a considerable amount of salt derived from dust in the air ..... this salt content is further increased as the rain washes over the barren rocks so that the salinity of water penetrating into the rock fissures amounts to an average of 5 mval/l, the soluble salts of strong acids rising to a hight unknown in a humide climate." (RUTTNER und RUTTNER-KOLISKO, 1973, S. 1751).

Für das sogenannte "sang-ab" (das sich in "rock-pools" sammelnde Wasser) gibt RUTTNER-KOLISKO (1966, S. 527) einen mittleren Salzgehalt von 3 mval/l an. Die Quell- und Brunnenwässer haben aber einen weit höheren Salzgehalt, der folglich nicht allein durch die Anreicherung beim Niederschlag bedingt sein kann. Zweifellos hat das Wasser, das am Gebirgsrand in die Schotter eingespeist wird, einen weit geringeren Salzgehalt als jenes, welches im tieferen Bereich der Dasht gefördert wird. Dies sehen wir z.B. an den Oasen Miguleh (Probe 202) und Madochan (Probe 203), die ihr Wasser aus den Schottern des Golemorti-rud beziehen. Die Leitfähigkeit von 1470 Micromhos/cm für Probe 202 und 1220 Micromhos/cm für Probe 203 steht im krassen Gegensatz zu den jeweiligen Wasserleitfähigkeiten der Pumpen Nr. 10, 11 und 13, die im tieferen Bereich des Golemorti-Riverwash abgeteuft wurden und alle ein C4-Wasser (über 2250 Micromhos/cm) liefern. Auch die Flüsse, die die Schotter vor allem bei Hochwasser speisen, weisen keine so hohen Konzentrationen auf. Beim Bampur-rud wurden am 7.4.76, einen Tag nach heftigen Niederschlägen, 590 Micromhos/cm, am 9.5.76 1500 Micromhos/cm gemessen.

In einem Diagramm (vgl. Abb. 25) werden die wichtigsten Ionen der Wässer von Probe 202 (Miguleh), Probe 203 (Madochan) sowie die Werte einer Probe aus dem Bampur-rud (9.5.76) den Werten der Proben 10 und 11 gegenübergestellt, die im tieferen Teil des Gole-

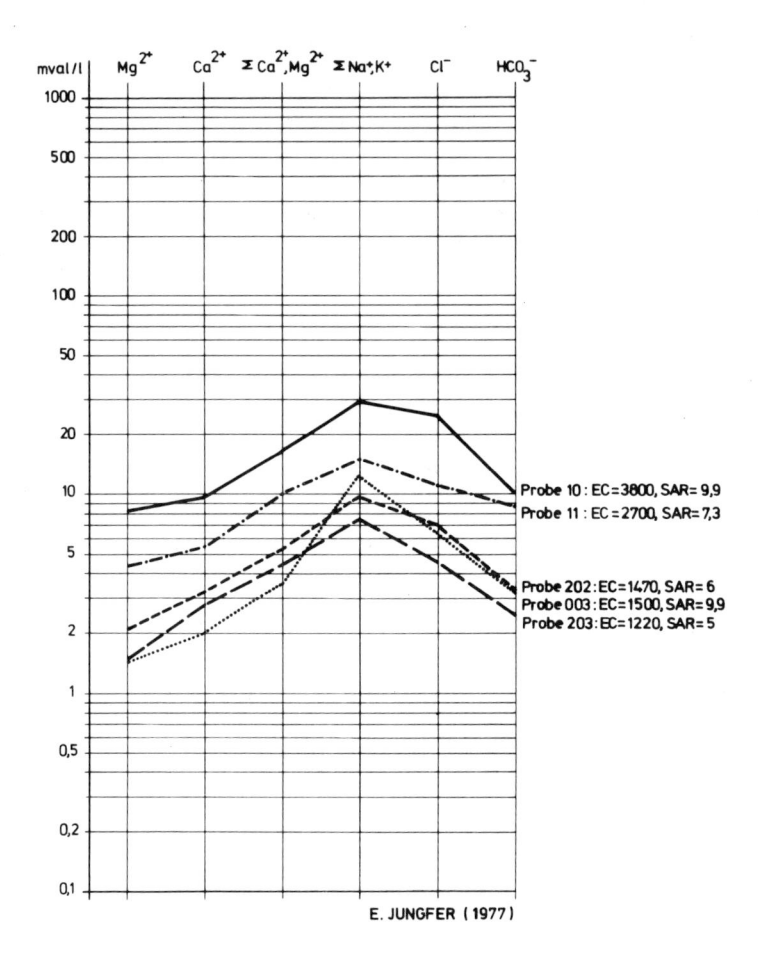

Abb. 25. Graphische Darstellung von Probe 202
(Miguleh), 203 (Madochan), 003 (Bampur-
rud, 9.5.76, Entnahme beim Bampur-Damm)
sowie Probe 10 und 11 (tieferer Teil
des Golemorti-Riverwash) in einem semilogarithmischen Vertikaldiagramm nach
SCHOELLER (1935). Alle Angaben in mval/l.

morti-Riverwash mittels Pumpen entnommen worden sind. Im Vergleich von Probe 203 (Madochan) mit Probe 10 und 11 kommt die angesprochene Anreicherung deutlich zum Ausdruck.

Nach diesen Ergebnissen kann ausgesagt werden, daß die Ionenanreicherung vorwiegend in der Dasht stattfindet. Dies erscheint wegen der langen Wanderwege und damit langen Abstromzeit des Grundwassers verständlich. Infolge seiner Tiefenlage (über 30 m im mittleren Teil der Dasht) muß der Wasserverlust durch Evapotranspiration als gering angesehen und die Konzentrationsanreicherung im wesentlichen den geologischen Faktoren zugeschrieben werden. Das Grundwasser reichert sich also beim Kontakt zum Gestein mit Ionen an. Dort, wo aber 10 m Flurabstand unterschritten werden, spielt die Anreicherung durch Evapotranspiration eine stärkere Rolle, da diese Tiefe von Phanerophyten jederzeit erreicht wird. Die Flurabstandsgrenze, von der an das Grundwasser durch Evaporation mit Ionen angereichert wird, liegt nach NADJI-ESFAHANI (1971, S. 163) bei 3 m. In persönlichen Gesprächen hielt NADJI-ESFAHANI die kritische Grenze, bei der die Evaporation einsetzt, allerdings schon bei 10 m für erreicht (vgl. BAHAMIN 1976, S. 132). Folglich erscheint es logisch, daß im Bereich der Subsequenzzone entgegen der normalen Abfolge:"höher mineralisiertes Wasser in größeren Tiefen, schwächer mineralisiertes Wasser in den oberen Stockwerken" im oberen Bereich ein Salzwasserkörper und darunter schwächer mineralisiertes Wasser anstehen. Dies haben ARDESTANI (1973) im Arbeitsgebiet und BAHAMIN (1976, S. 130) beim Becken Kerman-Bafq ermittelt.

Für die Dashtfläche südlich des Kuh-e-Bazman sollte jedoch nicht übersehen werden, daß neben den schwächer mineralisierten Wässern, die in die Dasht eingespeist werden, auch die Mineralquellen, die das ganze Jahr über Salzwasser schütten, an der Versalzung beteiligt sind. Obwohl die Menge/sec gering ist, ist die Verschlechterung der Grundwasserverhältnisse in einigen Bereichen doch erheblich. Nimmt man bei den Quellen des Calanzohur-rud z.B. 3 l/sec an, dann ergibt dies eine jährliche Menge von 94000 m^3. Das Wasser verdunstet zwar zum größten Teil, das Problem wird dadurch jedoch nicht beseitigt, sondern nur zeitlich verschoben, da das Restwasser eine umso höhere Konzentration aufweist. Verdunstet das Wasser vollständig, bilden sich Salzkrusten. Bei Starkregen mit anschließendem Abkommen der Flüsse und entsprechender Grundwasserneubildung wird ein gewisser Prozentsatz dieser Salzkrusten gelöst und ins Grundwasser befördert. An anderen Stellen, bei Kuchec-ab zum Beispiel, scheint das Salzwasser zwar nur in geringer Menge, aber beständig ins Grundwasser eingespeist zu werden. Die Versalzung in der Dasht wird also zum einen durch extrem mineralisierte Wässer, die in die Schotter einsickern, zum anderen durch den Kontakt mit dem Gestein während der langen Wegstrecke, die die Grundwässer zurücklegen, und schließlich durch die hohe Verdunstung verursacht.

5.9   *Zur Güte der Wasseranalysen*

Bevor auf der Basis der Wasseranalysen Empfehlungen für entsprechende Anbauprodukte ausgesprochen werden können, ist eine Überprüfung der Wasseranalysen durch einen sog. "cross-check" notwendig. Eine von FAO (1974, S. 83) vorgeschlagene Kontrolle beruht auf der Beziehung zwischen elektrischer Leitfähigkeit in Micromhos/cm : 100 und der Konzentration der Kationen in mval/l; also $EC \times 10^4$ = Konzentration der Kationen in mval/l.

Je größer der Ionengehalt einer Lösung wird, umso größer wird auch der mögliche Fehlerquotient. Die durchschnittliche Abweichung aller selbst analysierten Proben lag bei dieser Überprüfungsmethode unter 5 %.

Der Kationengehalt einer Lösung ist normalerweise annähernd so groß wie der Anionengehalt. Somit kann aus der Differenz zwischen Kationen und Anionen der SO_4^{2-}-Gehalt annähernd bestimmt werden. Hierbei muß allerdings berücksichtigt werden, daß die Summe der Anionen bei den Analysen von ARDESTANI (1973) teilweise bis zu 5 % unter der der Kationen lag. Diese Differenz muß also einkalkuliert werden. Neben SO_4^{2-} und HCO_3^- wären auch noch CO_3^{2-}-Ionen denkbar, die in einem temperatur- und druckabhängigen Gleichgewicht mit HCO_3^- und CO_2^- in einer Lösung vorhanden sind. Nach HEM (1970) liegen jedoch bei pH 6 - 10 vorwiegend HCO_3^--Ionen vor. Diesem Bereich gehören alle Wässer an.

6 TRADITIONELLE UND INNOVATIVE ASPEKTE DER KULTURLANDSCHAFT

Nachdem in den vorausgegangenen Kapiteln der Naturhaushalt mit Schwerpunkt auf den Wasserverhältnissen dargestellt wurde, sollen nun diese Ergebnisse zur Diskussion über die Inwertsetzung dieses Raumes herangezogen werden. Vorher scheint jedoch ein Rückgriff auf die traditionelle Kulturlandschaft nötig, denn nur durch die Kenntnis der überkommenen Lebensformen wird der oft undurchschaubare Mechanismus von Ablehnung oder Aufnahme irgendwelcher Innovationen verständlicher.

Die Kulturlandschaft im Arbeitsgebiet wird durch zwei Nutzungstypen bzw. Lebensformen der Einwohner geprägt. Den einen Typus bilden die Ackerbauern, die permanent seßhaft sind, den anderen bodenvage Gruppen, die in Gegensatz zu einer seßhaften Lebensform stehen. Letztere sollen zuerst charakterisiert werden.

6.1 *Der Halbnomadismus*

Die bodenvagen Gruppen betreiben eine Wirtschaftsform, die als Halbnomadismus bezeichnet werden muß. Nach WIRTH (1969, S. 41) handelt es sich bei dieser Lebensform um eine der ältesten im Orient, die nicht als Übergang vom Vollnomadismus zum Seßhaftwerden verstanden werden darf, da der Vollnomadismus eine weitere Spezialisierung des Halbnomadismus darstellt.

Eine halbnomadische Lebensform ist bei einem niedrigen Stand der Technologie zweifellos die Wirtschaftsform, die den ökologischen Bedingungen am besten angepaßt ist. Dies wird deutlich, wenn wir uns das Gebirge ansehen, das aufgrund seiner Wasserarmut und seiner geringen Flächen agrarwirtschaftlich kaum genutzt werden kann. Der Nomade kann allerdings dieses marginale Potential noch in

Wert setzen, indem er seine Herden im Winter auf den tiefer liegenden Dashtflächen weiden läßt. Auch im Sommer stimmt er seine Wanderwege auf das Nahrungsangebot des Raumes ab und dringt somit sukzessive ins Gebirge vor. Es handelt sich also um eine den Umweltbedingungen angepaßte Nutzung der Steppen im Winter und der Hochgebirgsgrasfluren im Sommer.

Neben den Weiden, die für die Viehherden entscheidend sind, spielt, was die temporäre Siedlung betrifft, vor allem das Trinkwasser für Mensch und Tier eine Rolle. Meist sind die Zelte der Nomaden im Winter dort auf der Dasht zu finden, wo in der Nähe eine Wasserentnahmestelle vorhanden ist. Hieraus resultiert der Gürtel temporärer Siedlungen im oberen Bereich der Dasht, da dort Wasser aufgrund der geologischen Verhältnisse im Bachbett wieder zum Vorschein kommt (vgl. Kap. 4.7).

Wenn die Nahrungssituation für die Viehherden auf den Dashtflächen schlechter wird, brechen die Nomaden ins Gebirge auf. Der Zeitpunkt ihrer Wanderung wird ihnen also von der spärlicher werdenden Vegetation diktiert. Ihr Trinkwasser führen sie dabei in Ziegenhäuten mit und ergänzen es bei Bedarf aus ihnen bekannten Wasserstellen. Meist kennen die Nomaden alle ökologischen Gunstsituationen in der Umgebung. So fanden wir die Niederlassung einer Sippe in einem Seitental des Kahur-rud, wo man zu dieser Zeit weit und breit kein Wasser vermutet hätte. Die Nachforschung ergab aber, daß in dem kleinen Tal eine Laufstrecke mit gegenläufigem Gefälle vorhanden ist; diese Gefällsstrecke ist durch Auskolkung infolge eines Wasserfalls entstanden. Da die Stelle, eine Art Wanne, durch den schluchtartigen Charakter des Tales gut vor Verdunstung geschützt ist, erstaunt es nicht, daß hier genügend Wasser zu Trink- und Reinigungszwecken, also Grundlage für eine temporäre Siedlung, zur Verfügung steht.

Gegen Sommer verlassen die Nomaden solche und ähnliche Gunststellen wieder und ziehen bis zum Gipfel des Kuh-e-Bazman, um die dortige Vegetation zu nutzen. Beliebter Zielort im Gebirge ist dabei die Oase Ziarat. Obwohl so klein, daß sie auf dem Luftbild (Maßstab ca. 1 : 55 000) kaum zu erkennen ist, spielt sich im Sommer dort ein reges Leben ab, da in der näheren Umgebung keine ähnlich guten Wasserverhältnisse zu finden sind.

Selten ist eine ganze Sippe auf Wanderschaft. Meist grasen die Herden von einem Standquartier aus die nähere Umgebung ab, bevor dann der Standort verlagert wird. In der Regel begleiten ein oder zwei Mitglieder der Sippe die Herde.

Die Grundlagen nomadischer Wirtschaftsweise sind also im engeren Sinne die Gras- und Strauchfluren, im weiteren Sinne die Produkte aus der Viehwirtschaft.

Neben dem durch maximale Bestockung des Gebirges erzielten Ertrag besitzen die Nomaden in der Regel auch einen Anteil an den Erträgen, die die Oasen abwerfen. Wie groß der Prozentsatz ist, der den Nomaden zufällt, kann nicht gesagt werden, da sich durch Heirat fortlaufend Besitzverschiebungen ergeben. Im allgemeinen werden bei der Hochzeit Geld, Vieh, Dattelpalmen, ja manchmal sogar Säcke mit Zement, für den zu erwartenden Verlust der Arbeitskraft der Tochter an den Vater des Mädchens übereignet.

Beobachtet haben wir bezüglich der Besiedlung, daß die Oasen Nachlestan und Sorgah im Frühjahr total verlassen waren. Die Bewässerung der Felder erfolgt dann entweder durch ein zurückgelassenes Mitglied der Sippe oder durch einen Beauftragten aus dem Nachbardorf.

Zur Zeit der Ernte dagegen sind die Dörfer sehr belebt, da sich jeder, dem auch nur 1/10 des Ertrages einer Dattelpalme zusteht, im Dorf aufhält, um seinen Anspruch darauf durch seine Existenz zu bekräftigen. Nach einem in Belutschistan üblichen Gesetz erhält nur der den ihm zustehenden Anteil der Ernte, der zur entsprechenden Zeit auch im Dorf ist. Einen sich in der Stadt aufhaltenden "Landlord" gibt es nicht (POZDENA 1975, S. 106).

Die Anwesenheit der Nomaden in den Oasen ist zu diesem Zeitpunkt aus zwei Gründen sinnvoll: Im Herbst tritt im Gebirge eine gewisse Futterknappheit auf, die infolge fehlender oder zu geringer Niederschläge im August und September verständlich erscheint. In dieser Zeit können also die Viehherden der Nomaden gut auf den abgeernteten Stoppelfeldern der Oasen weiden, während die Nomaden selbst bei der Dattelernte helfen.

Bei dem oben beschriebenen System greifen also die seßhafte und die bodenvage Lebensform ineinander, wodurch sich aber keine Flächenkonkurrenz ergibt. Daher wird auch kein ökologischer Druck, z.B. durch Enteignung des Ackerbesitzes, auf die Nomaden ausgeübt, was auch verständlich macht, daß "close family ties exist between the two groups" (TOSI 1975, S. 44).

6.2 *Die Bewässerung in den Oasen*

In den Oasen finden wir traditionell den Typus der Überstaubewässerung, der aufgrund der Wasserzuführungsmethoden zweigeteilt wird. In den Oasen, die Quellwasser (Bazman) oder Flußwasser (Bampur) besitzen, wird bewässert, indem man Wasser vom Hauptbachbett durch ein System von Verteilerkanälen zu den Feldern führt und diese alternierend flutet. Meist sind die Kanäle kurz. Daß Wasser länger als 500 m in einem Bewässerungsgraben geführt wird, bis es auf die Felder gelangt, finden wir selten und dann nur dort, wo Wasser aus einem tief eingeschnittenen Bachbett ausgeleitet werden muß. Die Größe der zu bewässernden Parzellen richtet sich nach dem Gefälle des Geländes.

Selten konnten wir beobachten, daß abkommende Schichtfluten zur Bewässerung verwendet wurden. So fanden wir in einigen Senken kleine abgeernteten Weizenfelder. Anbau war dort nur deshalb möglich, weil Wasser von Schichtfluten in diesen Senken zusammengeströmt war. Hierbei muß auch noch das Feinmaterial erwähnt werden, das sich im Laufe der Zeit anhäuft. In dem Umfang allerdings, wie POZDENA (1975, S. 95) dies für Dashtiari beschreibt, ist diese Anbauform im Arbeitsgebiet nicht gegeben. POZDENA berichtet aus dem südöstlichsten Gebiet Makrans von einer 100 bis 1000 m breiten Schichtflut, die von einer großen Zahl kleiner Dämme aufgehalten und zur Versickerung gezwungen wird. Bei diesem System handelt es sich letztlich um eben das, welches HASHEMI (1973, S. 38) als Hootak-System beschrieben hat. In der englischsprachigen Literatur ist dafür der Begriff "runoff farming" üblich (EVENARI et al. 1968, S.29; 1971, S. 220 f.; COHEN et al. 1968, S. 33; SHANAN et al. 1970, S. 445). Auch die Ausleitung eines bestimmten Quantums der Hochwässer ist im Arbeitsgebiet nicht üblich.

Neben der einfachen Ableitung durch Verzweigung von Quell- und Flußwasser finden wir weiterhin Anbau auf der Basis von Kanaten. Hierbei handelt es sich um unterirdische Drainagestollen mit Luft- bzw. Auswurfschächten. Im tieferen Teil haben die Kanate wasserleitende Funktion. Streng genommen handelt es sich jedoch dabei nicht um "Bewässerungskanäle" wie BRAUN (1974, S. 1) schreibt. Nachdem über Kanate, die nahezu auf der ganzen Welt zu finden sind (TROLL 1963, S. 313 f.) eine Fülle an Literatur existiert, soll hier nur erwähnt werden, daß diese Wassererschließungs- und Zuführungsmethode nach der ältesten Quelle (assyrische Keilschrift, 722 - 705 v.d.Z.) bereits jahrtausendealt sein muß (ENGLISH 1968, S. 170 f. und NACE 1974, S. 2).

Im Arbeitsgebiet finden wir Kanate vor allem bei Dalgan und Golemorti. Da sich bei heftigen Regengüssen in die Wände der senkrechten Auswurfschächte häufig durch Wasser und Feinmaterial Rinnen schneiden, sind die Kanate im unteren Teil durch Erosion einsturzgefährdet. Nach solchen Katastrophen[1] werden sie völlig ausgegra-

---

1) Während heftiger Regenfälle stürzten 1976 bei Golemorti einige Kanate ein.

ben und dienen dem Wasser dann in offener Form als Kanal.

Da wir im Arbeitsgebiet keine Wasserhebemethoden mittels Tierkraft gefunden haben, wie sie KREEB (1964, S. 35 f.) und CHRISTIANSEN-WENIGER (1961, S. 73 f.) aus dem Mittelmeerraum beschrieben haben, müssen wir davon ausgehen, daß Lokalitäten mit natürlichen Wasseraustritten, wie Bampur und Bazman, bereits länger besiedelt sind als die Gegend um Golemorti und Dalgan. Darauf deuten auch Scherbenfunde aus dem Gebiet von Bampur und Bazman hin (TOSI 1975)[1]. Westlich von Chah Alvand liegt auch ein Hügel mit vergleichbaren Scherben, die die Archäologen in diesem Bereich eine vorzeitliche Handelsstraße vermuten lassen. Diese Vermutung wird durch ein altes Gefäß gestützt, das SCHUMACHER in den Dünen südlich von Calanzohur fand. Es ist jenen Stücken vergleichbar, die im archäologischen Museum in Zabol von TOSI ausgestellt werden.

6.3   *Der Anbau*

In der Gegend von Bampur ist es üblich, auf dem gleichen Feld eine Sommer- und eine Winterfrucht zu ziehen. Im Arbeitsgebiet dagegen haben wir dies nur zu einem kleinen Prozentsatz bemerkt. In der Regel beschränkt man sich darauf, eine Winterfrucht zu ziehen, während man im Sommer nichts anbaut. Das ganze Wasser kommt dann den Palmen zugute. Anschließend wird ein Brachjahr eingeschaltet. Der Boden wird also in zweijährigem Rhythmus bebaut. Dies deutet darauf hin, daß mehr Boden vorhanden ist als mit dem zur Verfügung stehenden Wasser bewässert werden kann.

Im Winter werden Weizen und Gerste sowie Saubohnen angebaut, im Sommer Hirse, Wassermelonen und Gemüse. Da der Weizen, die Hauptanbaufrucht im Winter, nur etwa alle 40 Tage bewässert werden muß, ist der Wasserverbrauch pro Hektar gering. Im Sommer verbrauchen

---

1) Freundliche mündliche Mitteilung.

dagegen vor allem Dattelpalmen und Reis, der im Gebiet von Dalgan angebaut wird, große Wassermengen. In den kleineren Oasen wird Gemüse nur in sehr geringen Mengen zur Ergänzung des Hauptnahrungsmittels Brot angebaut. In anderen kleineren Oasen finden wir ausschließlich Datteln (Sorgah) oder Datteln und Weizen (Nachlestan).

Die Erträge an Weizen und Gerste wurden 1962 von der Forschungsgruppe ITALCONSULT für Bampur mit 12 bzw. 15 dz/ha beziffert, also weniger als die Hälfte dessen, was in Europa im Durchschnitt auf der gleichen Fläche erwirtschaftet wird. Da im Untersuchungsraum bis vor kurzem kein Kunstdünger verwendet wurde, müssen wir bei den kleinen Oasen von den gleichen Erträgen ausgehen. Die Sommerfrüchte, vor allem Hirse, bringen 15 dz/ha und Wassermelonen 150 dz/ha. Bei den Dattelpalmen ist mit 20 - 30 kg pro Baum zu rechnen (FAO 1964, S. 8). Der Wasserverbrauch kann im Durchschnitt mit 1 l/sec/ha angesetzt werden.

Zu den Erträgen, die die Bauern von den Feldern der Oasen im Garmsir erhalten, kommen noch die Erträge der Oase Ziarat. Die Oase selbst ist zwar klein (ca. 2 ha), aber auf den umgebenden Höhen sind in lockerer Anordnung weitere Fruchtbäume zu finden. Im Sommer und Herbst ist sie daher stark bevölkert, im Winter und Frühjahr völlig verlassen. Nach BOBEK (1952, S. 77) kann man diese Oase aufgrund ihrer Fruchtbäume (Steinobst, Mandeln und Maulbeeren) zur Mittelstufe, dem Sardsir, rechnen, also der Stufe über dem Garmsir, das durch die Dattelpalme gekennzeichnet ist (vgl. Kap. 3.2.3).

Zweifellos könnten die Bauern jedoch nicht ausschließlich von den ackerbaulichen Erzeugnissen leben. Jede Familie hält daher zusätzlich ein paar Schafe und Ziegen, in den seenäheren Oasen auch manchmal Rinder, die als Milchlieferanten und als Zugtiere zum Pflügen verwendet werden. Auf die Milchproduktion wirkt sich das natürlich negativ aus. Von den Ziegen und Schafen, die täglich von einem Hirten in die Umgebung der Oasen zur Weide geführt werden, entfallen in der Regel nicht mehr als 10 Stück auf jede Familie. Die Milchleistung dieses Kleinviehs wurde von PLANK (1962) mit 18 - 20 l/Stück im Jahr beziffert. Um dem mengenmäßig größeren Bedarf der Familie gerecht zu werden, wird daher die Sauermilch von den Bauern mit Wasser verdünnt.

Neben den Tieren, die zur Milchproduktion gehalten werden, findet man in der Nähe der Oasen noch viele Esel, weiter entfernt dann Kamele, die hauptsächlich aus Prestigegründen, aber auch als Last- und Fleischtiere gehalten werden.

Das Futter, das dem Vieh zur Verfügung steht, muß als äußerst dürftig angesehen werden. Im Frühjahr sind nach den Regenfällen relativ gute Weidemöglichkeiten vorhanden. Später im Jahr müssen dann auch die abgeernteten Stoppelfelder zur Viehweide herangezogen werden. In diesem Zusammenhang soll erwähnt werden, daß die Belutschen in vielen Fällen nur die Ähren von Weizen und Gerste mit der Sichel ernten, also den Halm stehen lassen. Damit steht etwas mehr Weidefutter als normalerweise zur Verfügung. Die im Herbst auftretende - saisonal bedingte - extreme Futterknappheit wird von den Bauern in jüngster Zeit besonders durch Beifütterung mit Luzerne gemildert. Manchmal hilft zur Linderung des Futtermangels auch etwas Gras, das an bevorzugten Stellen, z.B. Bewässerungsgräben, wächst.

In diesem Zusammenhang wäre eine Untersuchung über die Belastbarkeit der Weidegebiete des Arbeitsgebiets von Interesse. Um die Tragfähigkeit der Weiden unterschiedlicher klimatischer Gebiete vergleichbar zu machen, wird im allgemeinen eine bestimmte Anzahl an Hektar pro Vieheinheit zum Ansatz gebracht. Meist beruhen diese Angaben jedoch auf rein optischer Einschätzung der Weidesituation in Kombination mit der Auswertung klimatischer Daten; so wurde auch hier verfahren[1].

Im Arbeitsgebiet sind vor allem im Frühjahr längs der Flußläufe sehr wertvolle Leguminosen vorhanden. Andererseits wächst auf den Dashtflächen in Gebirgsnähe beständebildender Thymian als Kennzeichen degenerierter Steppen. In Seenähe ist ein grundwasserabhängiger Gramineengürtel vorhanden. Die Weideverhältnisse sind also sehr unterschiedlich.

Da die gesammelten Pflanzenexemplare bis jetzt noch nicht bestimmt worden sind, eine solche Bestimmung wegen des unterschiedlichen Proteingehalts innerhalb der Gattung aber unbedingt zu einer Bewertung notwendig ist, soll die Tragfähigkeit der Weide mit größter Vorsicht auf 25 - 40 ha/Großvieheinheit und 5 - 8 ha/Ziege eingeschätzt werden.

Wenn man die harten Bedingungen betrachtet, unter denen in diesem Gebiet produziert wird, erscheint es verständlich, daß von den Produkten außer Wolle[2] und Häuten kaum etwas auf den Markt kommt. Nur wenn ein Bauer dringend ein bestimmtes Erzeugnis (z.B. Hausrat, Decken, Kleidung) benötigt, entschließt er sich zum Verkauf

---

[1] Um zu genaueren Angaben zu kommen, ist eine Methode notwendig, wie sie THALEN (freundliche mündliche Mitteilung von Mr. THALEN vom International Institute for Aerial Survey and Earth Sciences (ITC) - Enschede) im Iraq im Laufe dreier Jahre angewandt hat: Nach einem statistischen Auswahlverfahren wurden Büsche geerntet, die jungen Triebe von den alten getrennt, gewogen und auf ihren Gehalt an Rohprotein, verdaulichem Protein, Stärkeeinheiten usw. umgerechnet. Da für solch ein Verfahren meist ein Mann/Busch/Tag angesetzt werden muß, blieb im Rahmen unserer Untersuchungen für diese allerdings sehr interessante Fragestellung kein Raum.

[2] Im ganzen Arbeitsgebiet fanden wir keinen einzigen Webstuhl. Die als Belutsch-Teppiche auf dem europäischen Markt erscheinende Ware stammt also nicht aus dem Gebiet von Bampur.

von ursprünglich zum Eigenverbrauch bestimmten Agrarprodukten oder Vieh. Aufgrund dieser Subsistenzwirtschaft war es bis vor kurzem nahezu unmöglich, auf dem Markt Milch, Butter, Sauermilch oder Eier zu bekommen. Auch in den kleinen Oasen war der Kauf landwirtschaftlicher Produkte fast unmöglich. Den geringen Bargeldbedarf decken die Bauern durch die Veräußerung von Produkten aus der Vieh- und Oasenwirtschaft: zum einen also durch den Verkauf von Wolle oder von aus der Wolle gewobenen Decken, die die Nomaden auch als Zeltdach verwenden[1], zum anderen bringt der Verkauf von Bastmatten, die aus der Fächerpalme geflochten werden, sowie der Verkauf von Datteln weiterhin Bargeld zum Kauf der lebensnotwendigen Dinge.

6.4   *Die Behausungen*

Die Behausungen sind aus westlichem Vorverständnis als äußerst kärglich zu bezeichnen. Die Winterbehausung besteht aus einem vier- oder rechteckigen Haus mit ein bis zwei Zimmern, das aus Adobe (luftgetrockneter Lehmziegel) gebaut wurde. Bei der Konstruktion des Daches werden Halb- oder Viertelstämme der Dattelpalme verwendet. Die Sommerbehausung besteht aus einem rechteckigen, relativ niedrigen Gerüst aus Palmstämmen, die Zwischenräume sind durch ein Geflecht aus Palmwedeln (Dattelpalme) abgedeckt. Der Vorteil besteht in der Temperaturanpassung der Behausungen. Nur bei reichen Bauern fanden wir Teppiche, sonst wurde der Fußboden mit Decken oder Matten ausgelegt, die selbst angefertigt oder einem vorbeifahrenden Händler abgekauft worden waren. Die Feuerstelle, in der alltäglich Brot gebacken wird, befindet sich außerhalb der Wohnung. Wegen der hohen Temperaturen ist dies notwendig.

---

1) Nach PLANK (1962), zitiert bei KESSLER (1969, S. 52), beträgt der Wollertrag 750 g Schaf- sowie 360 g Ziegenhaar pro Jahr.

Neben diesen zwei beschriebenen Typen finden wir noch sogenannte
Capas, sowohl bei Nomaden als auch bei Bauern, die ein Sommer-
quartier im Gebirge und ein Winterquartier auf der Dasht haben.
POZDENA (1975, S. 120) beschreibt die Capas: "Die Behausung der
Kleinvieh-Nomaden ist eine ovale Hütte ..... Das Gerüst einer
solchen Hütte errichtet man, indem man zwei Reihen von Stäben
(Blattstengeln der Dattelpalme) in die Erde steckt, wobei die
Reihen nach den Enden zu einander näher sind als in der Mitte.
Dann werden jeweils zwei gegenüber stehende Stengel zusammenge-
bunden, sodaß runde Bögen entstehen. Nun werden noch horizontale
Querstäbe hineingeflochten und über das fertige Gerüst Tagerd-
Matten gebreitet, die man hinaufziehen kann, sodaß kühler Luftzug
von den Seiten durch die Hütte ziehen kann. Eine solche ....
Hütte kann leicht abgebaut werden und macht nicht mehr als eine
Esellast aus."

Zu diesem Typ der Hütte gesellt sich noch das eigentliche Nomaden-
zelt, das aus schwarzen gewobenen Decken (Ziegenwolle) besteht,
die durch mehrere Stangen nach oben gestützt werden. An den Außen-
seiten sind die aneinandergenähten Decken am Erdboden beschwert.
Bei Bedarf kann somit für kühlenden Luftzug gesorgt werden.

6.5   *Veränderungen in den letzten zehn Jahren*

Von 1956 bis 1964 hielt sich eine italienische Forschungsgruppe,
ITALCONSULT, in Belutschistan auf und untersuchte unter anderem
auch die natürlichen Ressourcen im Becken von Bampur. Die Erfor-
schung erstreckte sich von der Ebene von Sardegal bis zur Quelle
des Karwandar-rud.

In den gleichen Zeitraum fallen nun einige Veränderungen in der
Agrarstruktur, die zu einem gewissen Grad als Folge der Untersuchungen und Empfehlungen der ITALCONSULT-Gruppe angesehen werden
können. Das wichtigste Moment scheint in diesem Zusammenhang die
Einführung von Motorpumpen (s. Bild 14). Hierbei handelt es sich

um einzylindrige Dieselmotorpumpen der Firma Blackstone (18 PS, max. 500 Um).

Diese Pumpen sind vor allem im Gebiet von Chah Alvand, aber auch in Calancontac und am Ostufer des Calanzohur-rud zwischen der Farm von Calanzohur und dem Fluß zu finden. Um die Pumpen optimal einzusetzen, hat man einen Brunnen gegraben und die Pumpe dicht über dem Wasserspiegel plaziert. Wenn dann beim Pumpen der Wasserspiegel abgesenkt wird, bedeutet dies, daß die Pumpe zur Hälfte zieht, zur Hälfte schiebt. Dies ist vom physikalischen Gesichtspunkt der ökonomischste Krafteinsatz bei diesen Pumpen. Der Schacht, in den das 6-Inch-Rohr hinabreicht, ist durch Äste und Zweige vor dem Einsturz gesichert. Der Bereich oberhalb des Standorts, in dem die Pumpe installiert ist, ähnelt einem Krater, da die Seitenwände nicht abgestützt wurden und so fortlaufend Material nachbricht.

An dieser Stelle taucht nun die Frage auf, woher die Bauern das Geld zum Kauf einer Pumpe haben, nachdem ihre Wirtschaft oben als Subsistenzwirtschaft charakterisiert wurde. Hierbei ist primär zu beachten, daß der Kauf einer Pumpe das Bedürfnis voraussetzt, mehr produzieren zu wollen, was ohne Zweifel westlicher Denkweise entspricht. Dieser Einzug ökonomischen Denkens, der dem Orientalen früher nicht eigen war, stellt eine Komponente der Verwestlichung dar (WIRTH 1973, S. 40). Es erstaunt also nicht, daß wir im Untersuchungsgebiet einerseits traditionelle Wirtschaftsweisen und Verhaltensnormen, z.B. die der Gastfreundschaft, und viele andere finden, die POZDENA (1975, S. 92 f.) für Dashtiari ausgezeichnet beschrieben hat, auf der anderen Seite aber bereits eine Gruppe antreffen, die für Dienstleistungen Geld verlangt, am Ertrag interessiert ist, investiert und Bedürfnisse nach westlichen Zivilisationsgütern (Moped, Radio usw.) bereits entwickelt hat oder sich dahingehend bereitwillig beeinflussen läßt.

Meist sind es 3 bis 4 oder mehr Familien, die die Initiative ergreifen und sich zum Kauf einer Pumpe zusammenschließen. Die dafür benötigten 38000 Toman[1] beschaffen sie im allgemeinen durch den Verkauf einiger Kamele, Kühe oder auch eines Ochsen. Die Wasserrechte werden entsprechend der Geldsumme verteilt, die jeder zum Kauf beigesteuert hat.

Verständlicherweise lebt jedoch noch bei manchen Belutschen die alte Geisteshaltung fort. So wird in der Gegend um Calancontac praktisch nur Weizen und Gerste als Winterfrucht angebaut, da man dabei nicht viel bewässern muß. Andererseits besteht auch kein Bedürfnis nach weiteren Produkten, wie beispielsweise nach Gemüse. Nach der Ernte werden die Pumpen einfach mit Matten zugedeckt, die Besitzer ziehen sich ins Gebirge zurück, wo sie ein paar Dattelbäume besitzen und darüber hinaus nicht der sengenden Sonnenglut ausgesetzt sind.

In Chah Alvand dagegen bleibt ein großer Teil der Bevölkerung auch im Sommer im Ort und baut vor allem Melonen, Gemüse, ein wenig Wein, Henna und Luzerne an. Damit hat sich die Zahl der Anbauprodukte vermehrt. Im Lauf der Jahre sind auch schon vereinzelt ein paar Dattelpalmen großgezogen worden. Die entscheidende Neuerung sind aber die Agrumen. Vorwiegend in den Oasen am Gebirgsrand, in Bazman, Moxan, ja vor allem in Hudejan, werden sie unter den Dattelpalmen angebaut, da sie starke Sonneneinstrahlung nicht ertragen können, ohne Schaden zu nehmen. - Dort wird zusätzlich von einigen Bauern in größerer Menge auch Luzerne angebaut, die im Verhältnis von Wasserverbrauch zu Ertrag eine ausgezeichnete Relation aufweist und Engpässe in der Futterversorgung beseitigen kann.

---

1) Ein Toman = ca. 0,40 DM.

Abgesehen von den Innovationen auf agrarischem Sektor - der Einsatz von Pumpen hat die Physiognomie der Dashtflächen verändert - ist auch eine Wandlung in den Lebensformen zu beobachten. So ist vor allem in Bazman an der Straße zwischen Bam und Iranshahr ein kleines "Restaurant" (ein Lehmziegelhaus und eine Capa) errichtet worden, wo inzwischen die Fernfahrer regelmäßig halten, um gegen Bezahlung zu essen.

Auch die alte Handmühle, mit der man in Dalgan noch die Weizenkörner mahlt, wurde in Bazman durch eine motorgetriebene Mühle ersetzt. Hier ist sogar ein Wasserleitungssystem im Bau, das die Versorgung durch Einzelbrunnen überflüssig machen soll.

Wir sehen an all diesen Veränderungen, daß sich das ursprüngliche Belutschistan auch in diesem abgelegenen Gebiet im Umbruch befindet, in einem Wandel, der durch den Einzug westlicher Denkweise geprägt ist.

7 DER STAATLICHE EINGRIFF IN DIE AGRARWIRTSCHAFT

7.1 *Projekte in Südiran*

Nachdem durch die Untersuchungen von ITALCONSULT bekannt war, daß im Raum westlich der Sardegal-Ebene an einigen Lokalitäten in der Dasht unter Flur süßes Grundwasser ansteht, wurde im Jahr 1973 im Gebiet zwischen Chah Alvand und Calancontac ein Entwicklungsprojekt begonnen. Nach der Farm in Jiroft, die bereits seit etlichen Jahren besteht, ist dies das zweite staatliche Projekt im Einzugsgebiet des Djaz-Murian-Beckens. Ziel dieser neuen Farm ist es, Nomaden und andere bodenvage Bevölkerungsgruppen seßhaft zu machen sowie den Wohlstand der bäuerlichen Bevölkerung zu verbessern, um damit die politische Sicherheit zu erhöhen. Nachdem bereits in Mirjaveh, der Grenzstation nach Pakistan, ein solches Projekt begonnen wurde, ist dies das zweite, das eine feste Bindung der Bevölkerung zum Ziel hat. Neben Mirjaveh, dem Projekt bei Calanzohur und Jiroft gibt es noch zwei Farmen im Süden Irans, eine bei Bander-Abbas am Persischen Golf und eine bei Goharqu, die in einem intramontanen Becken westlich der Straße Zahedan - Iranshahr liegt. Die Farm in Bander-Abbas ist von der Funktion her gesehen in etwa mit Jiroft gleichzusetzen. Beide haben die Aufgabe, den Teheraner Markt, vor allem im Frühjahr, mit Frischgemüse zu versorgen. Bander-Abbas ist hierbei aufgrund seiner klimatischen Gunst im Vorteil. Obwohl in Jiroft Gemüse, vor allem Gurken und Tomaten, bereits unter Folie gezogen werden, kommt das Gemüse aus Bander-Abbas etwa vier Wochen früher auf den Markt. Die klimatische Gunst der Golfregion - Frostfreiheit - kann am eindrucksvollsten an der Preisdifferenz zwischen Frühjahrs- und Sommerpreisen für Gurken ermessen werden, die im Verhältnis 10 : 1 steht. Im Gegensatz zu den Projekten von Jiroft und Bander-Abbas ist das Projekt in Goharqu ein Privatunternehmen. Es wurde von der Landwirtschaftsbank gegründet und dient vor allem der Belieferung des Zahedaner Markts.

Jedoch ist auch hier eine Ausweitung der Lieferungen nach Teheran geplant, da nach Aussagen der Landwirtschaftsexperten auf dem Markt von Teheran immer ein höherer Preis erzielt wird als auf den lokalen Märkten. Dabei lohnen sich selbst die hohen Transportkosten. Dies hat zur Folge, daß etliche landwirtschaftliche Produkte nach Teheran transportiert werden, obwohl die näheren Märkte von Iranshahr oder Zahedan über längere Zeiträume Mangel an diesen Gütern verzeichnen. Der Absatz von Erzeugnissen aus Landwirtschaft und Viehzucht kann somit infolge der zunehmenden Verknappung dieser Güter generell als gesichert angesehen werden, zumal in den letzten Jahren durch Preisfestsetzung der Regierung das Interesse der Bauern, mehr zu produzieren als bisher, nachgelassen hat.

Der Transport zu den weiter entfernten Märkten der Großstädte bringt jedoch außer ökonomischen Vorteilen auch Probleme bezüglich der Haltbarkeit agrarischer Produkte mit sich. Dies ist vor allem dann der Fall, wenn leicht verderbliche Ware, die auf schützende Verpackung angewiesen ist (z.B. Tomaten)[1], über schlechte Straßen geliefert wird. Bei Transporten über längere Strecken werden zwar in zunehmendem Maße Kühlwagen eingesetzt, trotzdem ist zu beobachten, daß vereinzelt ganze Ladungen agrarischer Produkte halb verdorben auf den Markt kommen.

In Calanzohur, der Farm, auf die im einzelnen noch eingegangen wird, sind diese Transportprobleme bereits in der Diskussion, obwohl diese Farm eine politische, der Ökonomie übergeordnete Zielsetzung hat. Wirklich akut wird diese Problematik jedoch erst dann, wenn die Farm Erträge über den Eigenbedarf hinaus abwirft, die dann in Iranshahr vermarktet werden sollen.

---

1) Tomaten werden in einfachen Holzkisten, nicht in Steigen mit Plastikeinsatz, geliefert, wie dies bei uns der Fall ist.

7.2   *Die Farm in Calanzohur*

Unter Beratung von Miss Caracuzlu wurde vor etwa drei Jahren auf der Dashtfläche mit dem Aufbau von zwei landwirtschaftlichen Zentren begonnen. Ein Zentrum liegt dort, wo sich heute der Ort Lady befindet. Das zweite ist jetzt das Zentrum in Calanzohur. Ein Betrieb mit zwei Kernen, die ungefähr zwei Fahrstunden auseinanderliegen, läßt sich jedoch schlecht führen. Daher entschloß man sich, die Basis in Lady aufzugeben. Einige Fertighäuser, garagenähnliche Gebilde, die von Amerika per Schiff bis Bander-Abbas und von dort auf dem Landweg herangeschafft worden waren und dem Personal eigentlich als Unterkünfte dienen sollten, wurden vorübergehend zu Viehställen, bevor man sie nach Calanzohur brachte. Bis jetzt ist ihr weiterer Einsatz noch unklar.

Auf der Basis einer Landklassifikation für Bewässerungszwecke[1] legte man einige halbtiefe Brunnen an und bestückte sie mit Pumpen vom Typ Blackstone, der bereits beschrieben wurde (vgl. Kap. 6.5), und vom Typ Lister. Letzterer ist nach der Ausfallquote nicht für die dortigen Temperaturen geeignet, was einleuchtend ist, da bei Sommertemperaturen bis zu $49^{o}C$ eine Maschine auf der Basis von Luftkühlung bei längerer Laufzeit Schaden nehmen muß.

Die Konzeption ging nun primär dahin, um jede Pumpe 15 - 20 Familien anzusiedeln. Da die Infiltrationsrate dieser Brunnen im Durchschnitt 0,02 m^3/sec beträgt, also 20 l/sec Wasser ziehbar sind, sollen um jeden Brunnen etwa 13 ha Weizen, 2 ha Gerste, 3 ha Luzerne und 2 ha Datteln angebaut werden; also 20 ha landwirtschaftliche Nutzfläche bei 20 l/sec. Hierbei ist noch ein gewisser Sicherheitsfaktor mit einkalkuliert.

Für Beratung, Dünger, Kraftstoff und Nutzungsrecht der Pumpen müssen die Bauern ungefähr 20 % der Erträge abführen. Auf jede Familie entfallen demnach knapp 2 ha landwirtschaftliche Nutzfläche.

---

1) Auf diese Karte wird später noch eingegangen (vgl. Kap. 7.3.2).

Sie verteilen sich längs der Dasht auf eine Entfernung von rund 80 km und liegen hauptsächlich im Gebiet von Calancontac, westlich von Calanzohur und bei Chah Alvand.

Zur Ergänzung des landwirtschaftlichen Projekts ist beabsichtigt, vier Zentren längs der Dasht einzurichten. Jedes Zentrum soll einige Häuser, eine Schule, einen Park, einen Spielplatz, ein Hospital, eine Benzinpumpe und eine Beratungsstelle für Frauen haben, in der letztere in hauswirtschaftlichen und handwerklichen Tätigkeiten unterwiesen werden. Mit dem Bau der ersten Häuser wurde begonnen.

Zentrum des ganzen Gebiets soll Calanzohur bleiben, wo unter anderem eine Kfz-Reparaturanlage eingerichtet werden soll. Mit den zu erwartenden Überschüssen der Farm, die auf einer geplanten Agrarfläche von ca. 5000 ha erwirtschaftet werden sollen, ist zusätzlich die Versorgung des Markts in Bampur und Iranshahr geplant. Die gesamte Agrarfläche der Farm soll maximal 5000 ha nicht übersteigen. Da der bereits vorhandene private Anbau auf maximal 3000 ha konzipiert wurde, beläuft sich die Planung auf nahezu 8000 ha Kulturfläche. Zur Zeit befinden sich in Calanzohur 517 ha unter Kultur. Davon entfallen auf:

Weizen	300 ha
Gerste	100 ha
Luzerne	83 ha
Orangen	9 ha
Weintrauben und Granatbäume	5 ha
Datteln	10 ha
Gemüse	10 ha
Gesamt	517 ha

Als die Farm, die sich nach zwei Jahren noch im Anfangsstadium befand, von ihrem neuen Leiter Malechasemi übernommen wurde, mußte dieser erst viele Mängel abstellen; z.T. belasten sie allerdings noch heute die Arbeit auf der Farm. So mußte er anfangs die Erfahrung machen, daß von den 160 Arbeitern, die zum Lohnempfang erschienen waren, nur etwa ein Viertel tatsächlich gearbeitet hatte. Dieser Umstand führte dazu, daß die Arbeiterschaft drastisch reduziert wurde und nur noch derjenige Lohn erhielt, der effektive Arbeit geleistet hatte.

Dort, wo von der Landklassifikation her zweitklassiges Land kartiert worden war, verhinderten teilweise Gipskrusten in einer Tiefe von 20 - 30 cm das Eindringen der Wurzeln. Diese Gipskrusten mußten erst aufgebrochen und entfernt werden, damit die Wurzeln der Pflanzen in größere Tiefe vordringen konnten. Der Gips wurde dann meist zum Hausbau in der Gegend verwendet.

Der Boden hatte an einigen Stellen jedoch infolge eines hohen Tonanteils eine geringe Infiltrationsrate, so daß das Wasser der morgendlichen Bewässerung bis zum Abend auf den Feldern stehen blieb. Damit verdunstete dort ein hoher Prozentsatz des Bewässerungswassers. Der Rest aber drang als höher konzentriertes Wasser in den Boden ein und verschlechterte so die Bodenstruktur. Während der Wintermonate wurde daher der Boden mit Sand von in der Nähe liegenden Dünen gemischt. Somit gelang es, die Infiltrationsgeschwindigkeit erheblich zu beschleunigen.

Im Frühjahr und Sommer 1976 befand sich die Farm in gutem Zustand. Mit Hilfe eines Plans, der Elemente der Netzplantechnik aufwies, wurde die Zeit optimal genutzt. Allein in einem Jahr wurde die Agrarfläche auf das Doppelte ausgedehnt. Es gelang sogar Kartoffeln[1] anzubauen, die im Gegensatz zur sonst üblichen Beckenbewässerung durch Furchenbewässerung versorgt werden.

---

1) Bis jetzt wurde es für unmöglich gehalten, Kartoffeln in diesem Gebiet anzubauen. Sie wurden daher aus dem Quetta-Tal/Pakistan eingeführt und kamen mit zwei Toman pro Kilo, was ca. 0,80 DM entspricht, auf den Markt in Iranshahr.

Probleme gibt es nach wie vor mit den Pumpen, die außerhalb des
Farmgeländes liegen. Einige sind aufgrund ihrer Tiefenlage bei
steigendem Grundwasserspiegel latent durch Überflutung gefährdet
(s. Bild 14), die anderen sind häufig aufgrund hitzebedingter
Effekte außer Betrieb.

Bisher ist es auch nicht gelungen, eine wettersichere Straße nach
Bazman zu bauen. Kostenvoranschlag und bereitgestellte Mittel
klaffen noch weit auseinander. Der schlechte Straßenzustand dieser Gegend führt oftmals dazu, daß selbst allradgetriebene Wagen
auf sandigen Streckenabschnitten steckenbleiben.

Bei starken Regenfällen ist es unmöglich, größere Entfernungen
zurückzulegen, da hier immer die Gefahr besteht, daß man - durch
zwei abkommende Flüsse abgeschnitten - im Kraftfahrzeug übernach-
ten muß.

Neben diesen straßenbedingten Hindernissen kamen auf die Ingenieure weitere Probleme bei Reparaturen der landwirtschaftlichen
Maschinen zu. Ersatzteillieferungen ziehen sich oft sehr lange
hin. So mußte z.B. ein Reifen einer großen Landmaschine, der ein
kleines Loch besaß und Luft verlor, per Lastwagen nach Zahedan
über eine Entfernung von ungefähr 1000 km befördert werden, da
in Iranshahr keine Möglichkeit bestand, diesen Reifen dort flik-
ken zu lassen.

Diese Beispiele sollen nur andeuten, welche Schwierigkeiten Leute,
die dort arbeiten, zu bewältigen haben. In vielen Dingen hinkt
die Infrastruktur noch allzu weit hinter dem übrigen Ausbaustand
her, als daß optimal gewirtschaftet werden könnte.

Ungeachtet dieser Probleme wurde gerade in letzter Zeit wieder
ein großer Ausbauabschnitt vollendet. Nördlich der Farm wurden
10 Tiefbrunnen abgeteuft (s. Kartenbeilage 2). Bei dieser Art der
Wasserförderung ist kein Schacht notwendig; die Pumpe sitzt viel-

mehr ebenerdig auf und kann aus einer Tiefe von 60 - 90 m bis zu
80 l/sec fördern. Das Gelände um die Pumpen (800 ha) wurde maschinell eingeebnet und soll dem Weizenanbau dienen.

Die alten Pumpen vom Typ Blackstone und Lister wurden im Herbst
1976 an die Bauern übergeben. Letztere sind dadurch zu Besitzern
geworden und müssen nun nur noch für Reparatur und Kraftstoff bezahlen. Ihr Einkommen hängt damit von ihrem persönlichen Einsatz
ab. Die Anbaufläche sowie die Zahl der angebauten Früchte spiegeln jetzt den unterschiedlichen Arbeitswillen der Bauern wider.
So mußte z.B. eine Pumpe ganz entfernt werden, da alle daran partizipierenden Bauern nicht in dem neuen Stil - bewässerter Ackerbau - arbeiten wollten, sondern es vorzogen, weiter ihr Kleinvieh
zu betreuen. Andererseits soll erwähnt werden, daß es auch Bauern
gibt, die gemeinschaftlich eine Art Polykultur betreiben und ihre
Pumpe optimal nutzen.

7.3   *Ökologische Konsequenzen und Gefahren eines Bewässerungsprojekts*

Vor Beginn der Nutzung mit Hilfe moderner Technologien hatte sich
auf der Dashtfläche ein Gleichgewicht zwischen Wasserzustrom durch
Infiltration, Wasserentnahme durch Kanate, Verdunstung und Abstrom
eingestellt. Fiel in einem Jahr wenig Niederschlag, wurde - pauschal betrachtet - weniger Grundwasser gebildet. Die Kanate schütteten daraufhin geringere Mengen Wasser; dies wiederum zog eine
kleinere Anbaufläche im folgenden Sommer nach sich. HASHEMI (1973)
hat gezeigt, daß Niederschläge über die Kanatschüttung mittelbar
mit den Weizenerträgen korrelieren. Der Korrelationsfaktor liegt
um so höher, je arider das Gebiet ist.

Auf der Basis der Kanate war es nie möglich, Wasservorräte, die in
größerer Tiefe liegen, auszubeuten. Durch die Anlage von Tiefbrunnen und den Einsatz von Pumpen wurden nun diese Wasservorkommen
zur Lagerstätte. Da es sich bei der Wassermenge jedoch nicht um

eine Einzelgröße handelt, die es zu verändern gilt, sondern damit ein System in Bewegung gerät, müssen gewünschte und unerwünschte Nebenwirkungen mit berücksichtigt werden.

7.3.1   Die Gefahr des Salzwasserandrangs

Schon um die Jahrhundertwende beschäftigten sich GHYBEN und HERZBERG, zitiert nach RICHTER und LILLICH (1975, S. 211), mit dem hydraulischen Gleichgewicht zwischen Süß- und Salzwassergrenzen im Küstenbereich. Von CASTANY (1968 und NADJI-ESFAHANI (1971, S. 138) wurden die bereits zu dieser Zeit gewonnenen Erkenntnisse auf den Grenzbereich zwischen Süß- und Salzwasserfront in Kewirnähe übertragen.

Die Verteilung von Süß- und Salzwasser unterliegt nach der sog. "Interface-Theorie" physikalischen Gesetzmäßigkeiten. Meerwasser oder auch Kewirwasser ist aufgrund seines höheren Salzgehalts schwerer als Süßwasser. Daher schiebt sich Salzwasser keilartig unter das leichtere Süßwasser - in diesem Fall gebirgswärts - vor, bis es zu einem Gleichgewichtszustand kommt, der durch die Wichte beider Wässer und den piezometrischen Druck bestimmt wird. Letzterer ist wiederum vom Gefälle des Grundwasserspiegels abhängig. Je steiler also das Gefälle des Grundwasserspiegels auf den See zu einfällt, um so steiler fällt auch die meist konkave Front (= Interface) zwischen Süß- und Salzwasser ein. Die Gefahr eines Salzwasserandrangs ist daher bei einem Einfallen von 1 % weit geringer als bei 0,1 %, da bei steilem Einfallen des Grundwasserspiegels die größere spezifische Wichte des Salzwassers durch die größere Menge graduell kompensiert wird. Geht der Einfallswinkel des Grundwasserspiegels gegen Null, dann liegt theoretisch fast überall unter dem Süßwasser Salzwasser. Die einzelnen Parameter sind in Abb. 26 nochmals verdeutlicht.

Zweifellos werden hinsichtlich der Gültigkeit der Theorie von
GHYBEN und HERZBERG Bedingungen vorausgesetzt, die in unserem
Falle nicht gegeben sind. So ist kein homogener Aquifer vorhanden. Die Durchlässigkeiten sind einerseits in der Vertikalen, andererseits in der Horizontalen sehr unterschiedlich, da der Grenzbereich sowohl durch linsenförmige Zwischenlagen hoher Transmissivität als auch durch schwerer durchlässige Schichten gekennzeichnet ist. Darüber hinaus treten bei höherer Salzkonzentration Diffusionskräfte auf, die in der Theorie nicht berücksichtigt wurden.

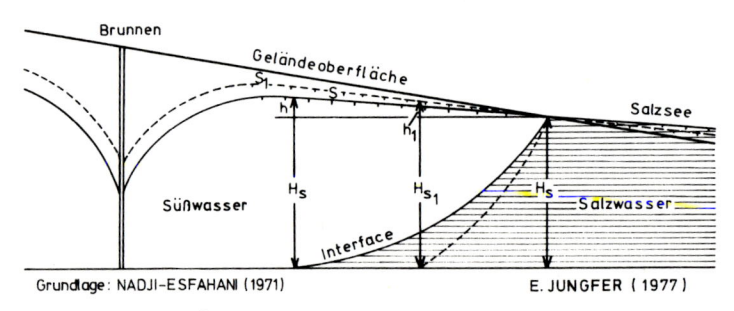

Abb. 26. Zur Theorie der Salz- und Süßwasserfront,
verändert nach NADJI-ESFAHANI (1971, S.139).
Gestrichelte Linien ergänzt.

Dies beeinflußt die Messungen im Einzelfall, prinzipiell ist damit
die Theorie jedoch keineswegs widerlegt. Daher soll hier auch kurz
auf eine einfache Berechnungsmethode von CASTANY (1967 und 1968,
zitiert nach NADJI-ESFAHANI 1971, S. 239 f.) eingegangen werden,
nach der es möglich ist, die Tiefe zu bestimmen, bei der an einem
bestimmten Punkt der Salzwasserkeil erreicht wird.

Hierbei wird der piezometrische Druck des Süßwasserniveaus durch Multiplikation der Strecke zwischen zwei Punkten und dem Gefälle des Grundwassers errechnet und mit dem Quotienten aus der Wichte des Süßwassers[1] und der Differenz zwischen Süß- und Salzwasser multipliziert.

$$T_s = \frac{\text{Wichte Süßwasser}}{\text{Wichte Salzw.} - \text{Wichte Süßw.}} \times \text{piezometr. Druck Süßwasserniveau}$$

(T_s = Tiefe des Salzwasserkeils)

Neben der Wichtedifferenz spielt also das Grundwassergefälle eine entscheidende Rolle. In unserem Fall ist bei einem Gefälle der piezometrischen Druckfläche von 0,5 ‰ bis 4 ‰ ein weit gebirgswärtig reichender Salzwasserkeil[2] zu erwarten. Dies hat zweifellos Konsequenzen für die Wassernutzung, da der hydrostatische Druck, der die Verteilung von Süß- und Salzwasser bestimmt, durch Abpumpen verändert wird. Vor allem die Installation von Tiefbrunnen, die etwa 60 - 70 l/sec fördern sollen, führt dazu, daß der piezometrische Druck im gebirgsnäheren Teil der Dasht so verringert wird, daß eine Grundwasserbewegung des Salzwassers von der Subsequenzzone zum Gebirge einsetzt. Dies bewirkt früher oder später, daß die Brunnen nur noch Salzwasser fördern. Gerade im Bereich der Farm von Calanzohur ist diese Gefahr infolge des geringen Gefälles des Grundwasserspiegels sehr groß, zumal den dort wirtschaftenden Ingenieuren zu wenig Zahlenmaterial vorliegt und diese oben geschilderte Problematik in ihrer Bedeutung noch nicht ganz erfaßt wurde.

---

1) Die Wichte des Wassers läßt sich überschlagsmäßig aus dem Abdampfrückstand (TDS) errechnen.
2) Die Länge des Salzwasserkeils kann, wenn Aquifermächtigkeit und entsprechende Pumpversuche vorliegen, ebenfalls annähernd berechnet werden.

7.3.2   Die Böden und die Problematik der Landklassifikation

Die Böden im Arbeitsgebiet differieren in ihrer Korngröße entsprechend dem Gebirgsabstand. Nach SCHUMACHER, der die Böden untersuchte, haben sich in den gebirgsrandnahen Bereichen auf älteren Fußflächenniveaus geringmächtige Böden mit äußerst grober Textur und feinverteiltem Gips entwickelt. Diese braunen Wüstenböden weisen im oberen Teil des Profils Schaumstruktur auf. Steinpflaster und Vegetationslosigkeit kennzeichnen den obersten Horizont.

Im Bereich vor der Subsequenzzone, wo auch landwirtschaftliche Aktivität vorhanden ist, sind vorwiegend sandige Böden mit wechselndem Steingehalt zu finden. In den tieferen Horizonten dieser Böden nimmt die Sandfraktion zugunsten der Schluff- und Tonfraktion ab. Ein Verdichtungshorizont, der von Gipskonkretionen durchsetzt ist, liegt nach SCHUMACHER im allgemeinen so tief, daß keine schädigende Wirkung auf das Pflanzenwachstum zu erwarten ist.

In Richtung auf die Subsequenzzone folgt ein Bereich, der vorwiegend durch Solontschake gekennzeichnet ist. Infolge der geringen Tiefenlage des Grundwassers und der Verdunstung bilden sich im A-Horizont und auf der Bodenoberfläche freie Natriumsalze. Die röntgenographische Analyse dieser weißen Salzkrusten ergab ein eindeutiges Vorherrschen des Minerals Halit. In den tieferen Bodenhorizonten sind Sulfate (besonders Gips) angereichert.

Entsprechend der amerikanischen Klassifikation handelt es sich bei oben beschriebenen Böden um karbonathaltige, gipshaltige und salzhaltige Aridisole und Entisole.

Im Bereich vor der Subsequenzzone, der aus hydrologischer Sicht der einzig wirtschaftlich nutzbare Bereich ist, wurde vom Soil Institute in Teheran eine Bodenklassifikation und darauf aufbauend eine Landklassifikation für Bewässerung erstellt. Da die Klassifikation zu einseitig auf den Böden basiert und damit viel zu isoliert ausgerichtet ist, bietet sie Ansatzpunkte zur Diskussion.

Die Kritik an der "classification for irrigation" richtet sich hauptsächlich dagegen, daß die besten Möglichkeiten zur Bewässerung dort gesehen werden, wo die Flüsse auffächern, also mitten im Riverwash. Es kann durchaus konzediert werden, daß sich hier infolge der häufigen Infiltration nicht so viel Salz akkumulieren konnte. Darüber hinaus fehlen auch die großen Andesitschotter, die im Bereich zwischen den auffächernden Flüssen vorhanden sind. Nur scheinen diese Schotter in der Gesamtbeurteilung des Geländes zu sehr ins Gewicht zu fallen. Die Überflutungsgefahr ist ohne Zweifel viel größer. Daß sie unterschätzt wird, ist schon daraus ersichtlich, daß in der Fortsetzung des Golemorti-Riverwash hinsichtlich Überflutung überhaupt keine Bedenken angemeldet wurden. Daher wird hier Anbau mit Hilfe von vier Pumpen betrieben. Bei den heftigen Niederschlägen von 1975/76 waren dann auch entsprechende Ackerverluste zu beobachten. In diesem Zusammenhang scheint erwähnenswert, daß sich die Rinnen, in die die Flüsse auffächern, verlagern. Nach eigenen Beobachtungen liegt die Arbeitskante auf der rechten Uferseite, die Rinnen tendieren also zur Verlagerung nach Westen. Dies ist sowohl bei Feldern als auch dort zu sehen, wo ein Riverwash Dünen durchzieht.

Überschwemmungen und Landverluste konnten 1976 östlich von Calancontac, am Westufer des Calanzohur-rud und im Gebiet von Chah Alvand festgestellt werden.

Neben der scheinbar in ganz Iran üblichen Unterschätzung der Überflutungsgefahr ist der Kartierung weiterhin vorzuwerfen, daß das System nicht zukunftsorientiert ist, d.h. es ist allein auf Überstaubewässerung zugeschnitten. Neben den eigentlichen Flußbetten werden auch Dünen als nicht nutzbar angesehen, obwohl sich gerade beim Einsatz moderner Bewässerungsmethoden kleinere Dünengebiete als potentielles Bewässerungsland erweisen können.

7.3.3   Die Gefahr der Winderosion

Dünengebiete, die an etlichen Stellen im tieferen Bereich
der Dasht zu finden sind, aber vor allem an der Südseite des
Bampur-Beckens liegen, zeugen neben Klimadaten und selbst be-
obachteten Stürmen von heftiger Windwirkung. Nach der Landklassifikation ist aber nur ein leichter Windschutz notwendig. Wie
sich im Frühjahr 1976 bereits gezeigt hat (vgl. Kap. 3.2.1),
sind in diesem Bereich noch etliche Rückschläge zu erwarten,
zumal - verglichen mit anderen Bewässerungsgebieten - überhaupt
kein Windschutz angebracht wurde. Eine Reihe Schilfrohr[1], ca.
3 m hoch, genügt keineswegs.

7.3.4   Das Kanatproblem

In Iran werden nach FAO (1975a) 1,15 Mio. ha traditionell, d.h.
durch Kanate (0,7 Mio.) oder Brunnen (0,45 Mio.), mit Wasser
versorgt. Für 1990 ist eine Steigerung auf 2,1 Mio. ha geplant,
wobei die Wasserlieferung durch Brunnen auf 1,5 Mio. gesteigert
werden soll, für Kanate ist ein Rückgang um 0,1 Mio. auf 0,6
Mio. ha einkalkuliert[2].

Wie aus diesen Zahlen zu sehen ist, rechnet man bei den Kanaten
einen gewissen Rückgang in der Wasserschüttung mit ein. Dies
ist zwangsläufig notwendig, da durch Wasserförderung mittels
Pumpen der Grundwasserspiegel dermaßen abgesenkt wird, daß Kanate, die immer nur den oberen Bereich des Grundwassers anzap-
fen, in der Schüttung nachlassen müssen. Im Arbeitsgebiet ist
die Anlage von Kanaten äußerst problematisch, da der Grundwasserspiegel ein sehr geringes Gefälle hat (0,5 - 4 ‰). Ein Kanat
muß aber noch flacher als der Grundwasserspiegel geführt werden.

---

1) Auf Windschutzmaßnahmen wird später noch eingegangen (vgl. Kap. 8.2.4).
2) Die gesamte Kulturfläche soll vor allem durch neue Verteilungssysteme von 3,6 auf 5,3 Mio. ha gesteigert werden (Planziel für 1990).

Wenn wir mit Braun (1974, S. 10) ein Kanatgefälle von 1 ‰ annehmen, kann bei einem Gefälle des Grundwasserspiegels von etwa 2 ‰ auf einen Kilometer Stollenstrecke ein Meter Höhendifferenz gewonnen werden. Liegt der Auslaß eines Kanats zwei Meter über dem Grundwasserspiegel, so erreicht der Kanat nach zwei Kilometern den Wasserspiegel und kann von dort an als Sammelader dienen. Die Mindestlänge, die ein Kanat haben muß, um effizient zu sein, liegt also bei obigen Gefällsverhältnissen bei 2,5 - 5 km. Im Arbeitsgebiet beträgt die Kanatlänge je nach den Gefällsverhältnissen zwischen 2 und 6 km.

Die Kanate von Golemorti, die - gemessen an der Gesamtschüttung - allein über die Hälfte des Kanatwassers der Dalgan-Dasht liefern, können im tieferen, wasserleitenden Teil fast keine Höhe gewinnen, da der Grundwasserspiegel dort teilweise ein Gefälle von unter 1 ‰ hat. Dashtaufwärts nimmt dann das Gefälle bis auf 4 ‰ zu. Hier ist mit entsprechendem Grundwasserzustrom in die Stollen zu rechnen. Am gebirgsnahen Ende der Kanate wird das Gefälle des Grundwasserspiegels steiler. Dies ist wegen der Wasserentnahme durch Kanate im unteren Bereich des Dasht verständlich.

Die durch Kanate geförderte Wassermenge wurde von ARDESTANI (1973, Plan 6 - 17) mit $10,7 \times 10^6$ m^3 im Jahr angegeben. Davon entfallen auf den Bereich von Golemorti allein $5,8 \times 10^6$ m^3 im Jahr. Wenn von den "safe yields", die etwa 27×10^6 m^3 im Jahr betragen, $10,7 \times 10,6$ m^3 durch Kanate entnommen werden, so liegt eine rund 40prozentige Erschließung des jährlichen Wasserpotentials vor. Nachdem Kanate das ganze Jahr über Wasser liefern, die Wasserspende aber nicht das ganze Jahr über ausgenutzt wird, kann überschlagsmäßig mit einer 20prozentigen Ausbeute des jährlichen Wasserpotentials gerechnet werden.

Im Gegensatz zur traditionellen Weidewirtschaft, bei der von Übernutzung gesprochen werden kann, liegt im Bereich der traditionellen Nutzung hydrologischer Ressourcen nur eine Effizienz von rund 20 % vor.

Unter diesen Umständen erscheint es hier sinnvoll, der Anlage von Brunnen gegenüber Kanaten Priorität einzuräumen, um das Nutzungspotential voll auszuschöpfen. Die bessere Ausnutzung der jährlich anfallenden Wassermenge - Förderung durch Pumpen - bringt allerdings Konsequenzen mit sich, die vor allem in der Umstellungsphase ernst genommen werden müssen: Die im tieferen Bereich der Dasht gelegenen Oasen Dalgan und Golemorti sind vollkommen abhängig von der Schüttung der Kanate, was an der von Jahr zu Jahr wechselnden Größe der Anbaufläche ersichtlich ist. Es muß aber befürchtet werden, daß durch die Anlage von Pumpen im höheren Teil der Dasht eine starke Grundwasserabsenkung eintritt. Dies wird eine Verminderung der Kanatschüttung nach sich ziehen und dadurch die traditionell bewässernden Bauern zu einer Verkleinerung ihrer Anbaufläche zwingen. Andererseits muß mit einem erhöhten Wasserbedarf gerechnet werden, weil die noch sehr stark im Traditionellen verhaftete Bevölkerung dieser Oasen durch die positiven Maßnahmen des staatlichen Gesundheitsdienste stärker als bisher zunimmt. Da man z.Z. vor allem Krankheiten, wie die Malaria, bekämpft, fällt die Dezimierung durch Krankheit fort. Das künftige Problem dieser Oasen (Dalgan, Golemorti) wird nur dadurch gelöst werden können, daß eine Umsiedlung der Bevölkerung vorgenommen wird. Bevor es jedoch zu einer solchen Umsiedlung kommt, sind persönliche Racheakte an den Pumpen zu befürchten, da die Belutschen den Zusammenhang zwischen Wasserentnahme durch Pumpen und verminderter Kanatschüttung durchschauen und die Besitzer der Pumpen verantwortlich machen werden. Da in diesem Bereich ohnehin etliche Sippen in beständiger Feindschaft leben[1], ist auch hier eine gewaltsame Bereinigung des Konflikts zu befürchten, wenn nicht der Staat diesen Auseinandersetzungen durch entsprechende Planung, z.B. Bereitstellung von Ackerland und Wasser im höheren Bereich der Dasht, zuvorkommt.

---

1) Bereits 1976 wurde eine Pumpe bei einem persönlichen Konflikt rivalisierender Familien zerstört.

Die Umsiedlung der Bevölkerung von Dalgan und Golemorti ist auf längere Sicht unumgänglich, da die nachlassende Wasserspende der Kanate in diesem Bereich nicht durch den Einsatz von Pumpen ausgeglichen werden kann. Eine Verlängerung der Kanate, bei der auf einem Kilometer etwa 1 - 2 m Grundwasserabsenkung ausgeglichen werden könnte, bringt für Golemorti und Dalgan ebenfalls keine Lösung, da die Kanate bei Verlängerung bedenklich nah an den Riverwash kämen und damit die Erosionsgefahr groß wäre, d.h. ein Totalverlust drohen würde.

Theoretisch wäre eine Wasserversorgung der beiden Oasen dadurch möglich, daß man Wasser im oberen Bereich des Aquifers abpumpen und durch die nun trocken gefallenen Stollen ehemaliger Kanate leiten würde. Dabei wären aber die Sickerverluste sehr hoch. Außerdem würden die Kanate in Kürze durch Erosion zerstört sein, weil das Wasser sie nicht beständig, sondern schubweise durchlaufen würde.

Eine Verrohrung der Kanate, durch die die Sickerverluste ausgeglichen werden könnten, ist hier ebenso wenig ökonomisch wie die oberirdische Zuleitung des Bewässerungswassers. Darüber hinaus wäre die Bevölkerung dieser Oasen nie in der Lage, die finanziellen Mittel für solche Maßnahmen aufzubringen, da ihr sicher erst durch eine langsame Verschlechterung der Lebensbedingungen das Problem bewußt werden wird. Gerade dann aber ist kein Geld mehr von seiten der Bevölkerung vorhanden. Der Staat, der folglich die Mittel aufbringen müßte, wird aber immer der für ihn kostengünstigsten Lösung zustimmen. In diesem Fall wäre das die Umsiedlung der Bevölkerung.

Hält man sich nun das primäre, der Ökonomie übergeordnete Ziel der Farmanlage und des Pumpeneinsatzes vor Augen: die Ansiedlung bodenvager Gruppen, Einkommensverbesserungen usw., so kann genau das Gegenteil der erstrebten Besserungen eintreten: nämlich durch wirtschaftliche Verelendung verursachte Ortsveränderungen, Vertrauensschwund und Unsicherheit.

Um diese möglichen Auswirkungen zu vermeiden, sollte die unumgängliche Umsiedlung der Bevölkerung von Dalgan und Golemorti im Rahmen eines dynamischen Nutzungsplans fixiert werden. Die augenblicklichen Vorschläge gehen dahin, die Umsiedlung als Gruppenumsiedlung von der Farm in Calanzohur aus zu leiten, um damit die Milieuänderung so gering wie möglich zu halten.

Hierbei sollte bedacht werden, daß ein Kanat das oftmals einzige erworbene oder ererbte Kapital eines Bauern ist. Somit steht bei Entwertung dieses Kanats den Bauern aus moralischen Gründen Entschädigung zu. Als solche wäre nach einer Umsiedlung ein Besitzanteil an einer Pumpe am zweckmäßigsten.

7.3.5. Die Seßhaftmachung der Nomaden

In den zwanziger und dreißiger Jahren hat Shah Reza die Nomaden zur Seßhaftigkeit gezwungen. Dies brachte einen erheblichen Verlust an Mensch und Tier mit sich, "weil die Fixierung an einen Ort Menschen und Herden dem ungewohnten Wechsel der Jahreszeiten aussetzte, die Weiden eines so begrenzten Gebietes für die Erhaltung großer Herden nicht ausreichten und die Nomaden auf die agrarische Nutzung des Bodens nicht vorbereitet waren". (GEHRKE 1975, S. 52)

Mit den medizinischen und ökologischen Ursachen dieses Verlusts haben sich vor allem BARTH (1962) und DARLING et al. (1972, S. 678) beschäftigt. Maßgebend für die damaligen Vorgänge, Nomaden seßhaft zu machen, waren vor allem Angleichungsbestrebungen an die westlichen Zivilisationen. "Nomadism in Iran was then seen as an obstacle to modernization, a military threat, and therefore politically undesirable". (DARLING et al. 1972, S. 678)

Bei dieser Abqualifizierung der nomadischen Lebensweise als "archaisch" wurden selten die ökologischen Gründe, die gegen die nomadische Wirtschaftsweise vorzubringen sind, richtig erkannt. MANSOUR (1967, S. 483f) beschreibt sie folgendermaßen: "Les nomades s'établissent à côté d'un point d'eau, dès qu'ils le découvrent. L'eau est un élément essentiel à leur existence et à celle de leurs animaux. Ils y restent le plus longtemps possible et de ce fait leurs troupeaux pâturent de plus en plus sévèrement les alentours. ....Les nomades utilisent surtout les souches et les racines de plantes ligneuses en guise de combustible. Ils arrachent malheureusement tout ce qui leur tombe sous la main sans se soucier le moins du monde des espèces dont ils connaissent parfaitement les qualités. A notre question, pourquoi arracher des plantes représentant une valeur fourragère aussi bonne que les autres, ils ont souvent répondu avec leur fatalisme coutumier: 'Il y en a beaucoup et quand il n'y en aura plus nous irons ailleurs.' C'est ainsi que lorsqu'ils lèvent le camp, la terre est souvent littéralement pelée autour des campements."

Zweifellos ist im Gebiet von Bampur eine zunehmende Tendenz zur Seßhaftigkeit festzustellen, und zwar dahingehend, daß der größte Teil der Familie Anbau betreibt, die Herden aber nicht verkleinert werden. Diese ziehen dann meist zyklisch, den Weidemöglichkeiten folgend, zwischen Dasht und Gebirge. Mit den angewandten Methoden - durch wirtschaftliche Vorteile Seßhaftigkeit zu bewirken - kann durchaus Erfolg erzielt werden. Die Regeneration der Gebirgsvegetation, die die Voraussetzung für eine Abflußverzögerung und Verringerung der Bodenerosion ist, kann auf diesem Weg jedoch nicht erreicht werden. Die Überflutungsgefahr wird dadurch z. B. nicht verringert, und auch positive ökologische Konsequenzen sind nicht zu erwarten. Auf die von KAUL und THALEN (1971, S. 10) vorgeschlagenen Methoden des "range management" wird später noch eingegangen werden.

8 DAS NUTZUNGSPOTENTIAL

8.1. *Wasserangebot und Planziel*

Von ARDESTANI (1973) wurde auf der Basis von Pumpversuchen eine Grundwasserneubildungsrate von rund 49×10^6 m^3 errechnet. Dieser Wert gilt streng genommen nur für das Jahr 1971, in dem er errechnet wurde. Die sogenannten "safe yields"[1], die grundsätzlich unter der maximalen jährlichen Grundwasserneubildungsrate liegen, errechnete er weit unter diesem Wert, nämlich bei 27×10^6 m^3. Mit dieser niedrigen Einschätzung berücksichtigte ARDESTANI die besonderen Grundwasserverhältnisse dieses Gebiets. Für einen theoretischen Ansatz erscheint diese Größe daher brauchbar.

Nimmt man nun überschlagsmäßig einen Wasserverbrauch von 1 l/sec/ha an[2], so ergibt sich ein Bedarf von 254×10^6 m^3 für 8000 ha pro Jahr. Dieser Wert liegt verglichen mit den "safe yields" so hoch, daß eine Bewässerung in der Größenordnung, wie sie geplant ist, nicht durchführbar wäre. Um zu einer realistischen Beurteilung[3] des Wasserbedarfs zu kommen, erscheinen Vergleichswerte aus anderen Gebieten Irans gut geeignet, den wirklichen Bedarf abzuschätzen. So wird von FAO (1975a, S. 2) bei einer 50%igen "irrigation efficiency" ein Bedarf von durchschnittlich 8000 m^3/ha pro Jahr für ganz Iran errechnet. Angaben über den Wasserverbrauch, bei denen der spezifische Wasserbedarf der Anbauprodukte berücksichtigt wurde, liegen aus dem Gebiet von Garmsar und Veramin vor. Allerdings muß man bei diesen Ziffern in Rechnung setzen, daß diese Gebiete mehr Niederschlag erhalten als der

---

[1] Der Terminus "safe yields" bedeutet die für die Nutzung als gesichert angesehene jährliche Wassermenge, nicht etwa Ernteerträge.
[2] Dieser Wert wird von Bewässerungsfachleuten oftmals als Richtgröße - ab Pumpe - angegeben.
[3] Die oben genannten Werte müssen als Näherungswerte angesehen werden, da die Bodenanalysen, die in den Forschungsbereich von SCHUMACHER fallen, noch nicht fertiggestellt sind.

Untersuchungsraum; zudem sind sie im Winter kälter. Aus FAO/UNDP (1972a) wurden Werte über den Wasserbedarf einiger Anbauprodukte in den obengenannten Gebieten entnommen[1].

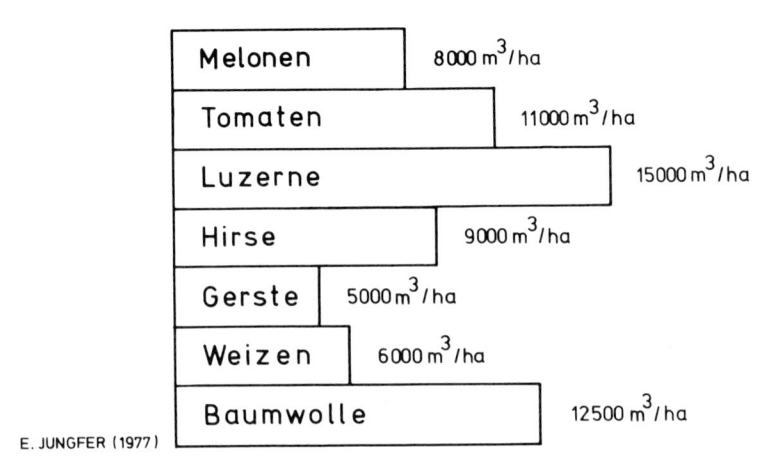

Melonen	8000 m³/ha
Tomaten	11000 m³/ha
Luzerne	15000 m³/ha
Hirse	9000 m³/ha
Gerste	5000 m³/ha
Weizen	6000 m³/ha
Baumwolle	12500 m³/ha

E. JUNGFER (1977)

Abb. 27. Wasserbedarf von Nutzpflanzen in Veramin und Garmsar

ITALCONSULT (1962, S. 47), die für das Gebiet von Bampur einen Bewässerungsplan ausgearbeitet hat, sieht folgenden Wasserbedarf als notwendig an:

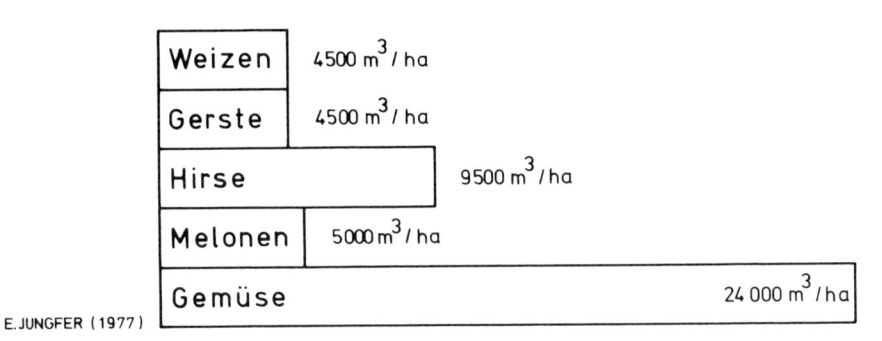

Weizen	4500 m³/ha
Gerste	4500 m³/ha
Hirse	9500 m³/ha
Melonen	5000 m³/ha
Gemüse	24 000 m³/ha

E. JUNGFER (1977)

Abb. 28. Wasserbedarf von Nutzpflanzen in Bampur

---

[1] UNDP = United Nations Development Programme.

Die Differenz zwischen den Werten der landwirtschaftlichen Versuchsstationen Veramin und Garmsar und denen von ITALCONSULT ergeben sich aus den unterschiedlichen Bedingungen des Raumes und hier vor allem des Klimas.

Obwohl die Wasserverbrauchsangaben von ITALCONSULT 15 Jahre alt sind, sind sie trotzdem für das Untersuchungsgebiet bedeutsam, da die beiden Regionen sowohl räumlich nah als auch klimatisch ähnlich sind und keine neueren Daten vorliegen.

Wenn wir nun von diesen Zahlen ausgehen und annehmen, daß auf der ganzen Kulturfläche (8000 ha) Weizen und Gerste (Wasserbedarf 4500 m^3/ha) angebaut würden, wäre dafür bereits ein Betrag von 36×10^6 m^3 Wasser notwendig. Es ergäbe sich also bereits ein Wasserdefizit von 9×10^6 m^3.

Wenn nun aber, wie aus den oben erwähnten Anbauziffern (vgl. Kap. 7.2) zu sehen ist, auch Pflanzen angebaut werden, die einen höheren Wasserbedarf haben, wird die Diskrepanz zwischen Plan und Möglichkeit deutlicher. Bei einem durchschnittlichen Wasserverbrauch von 7500 m^3 ha öffnet sich die Schere noch weiter; der Wasserbedarf steigt auf 60×10^6 m^3, das Defizit auf 33×10^6 m^3. Berücksichtigt man, daß die jährliche Grundwasserneubildungsrate nur etwa 49×10^6 m^3 beträgt, dann wird klar, wie überzogen die Planzahlen sind. Darüber hinaus muß erwähnt werden, daß die Angaben von ITALCONSULT am Auslaß des Bewässerungskanals gemessene Größen darstellen, also der Wasserverlust beim Transport in diesen Ziffern nicht berücksichtigt wurde. Dies bedeutet bei Calanzohur einen zusätzlichen Versickerungs- und Verdunstungsverlust in der Größenordnung von 25 %.

8.2.   *Möglichkeiten zur optimaleren Wassernutzung*

8.2.1.   Zur Problematik von Empfehlungen

Jeder, der sich in Entwicklungsgebieten mit geographischen Fragestellungen befaßt, wird früher oder später mit der Frage konfrontiert, was getan werden kann, um die Situation der dortigen Bevölkerung zu verbessern. Welche Folgen sich aus solchen Verbesserungsvorschlägen ergeben können, wenn ein wichtiger Faktor im System unterschätzt wird[1], kann am Beispiel des Bampur-Seitenkanal-Projekts[2] ermessen werden, das vorerst als gescheitert betrachtet werden muß (s. Bild 18, 19 und 20).

Ich möchte daher die im folgenden aufgeführten Möglichkeiten zur Verbesserung der hydrologischen Situation als Anregungen verstanden wissen, die keinen Anspruch auf Allgemeingültigkeit und Ausschließlichkeit erheben wollen.

---
1) Erstaunlicherweise ist dies in Iran häufig der Abflußfaktor.
2) 1955/56 wurde im Gebiet zwischen Bampur und Iranshahr eine Schwergewichtsmauer errichtet, mit dem Ziel, die vorher vorhandenen temporären Talsperren des Bampur-rud zu ersetzen. Aufgabe dieser neuen, etwa 60 m langen und 3,5 m hohen Sperre ist es, das Wasser des tiefer eingeschnittenen Flusses durch Rückstau auf die Höhe des Umlandes zu heben. Dort dient es dann zu Bewässerungszwecken. Da der alte Verteilerkanal, der sog. Bampur-Seitenkanal, durch Verschlickung hinter den Anforderungen zurückblieb, entschloß man sich 1971 zum Bau eines betonierten Kanalsystems, das auf eine Länge von ca. 80 km konzipiert ist. Das Projekt sollte bis 1973 fertiggestellt sein. Bis jetzt sind von den Wasserzuführungskanälen nach FAO (1975a) 3,5 km fertiggestellt, von 50 km Drainagekanälen etwa 1 km. Das Projekt erwies sich vorläufig als Fehlschlag, da der Kanal Abflußrinnen kreuzt, über die er in einer Wanne hinweggeführt wird. Aus Kostengründen wählte man Stellen, wo die Rinnen am schmälsten waren. Die Folge ist eine Unterspülung der Seitenpfeiler und das darauffolgende Absacken der Wanne. Dies führte dazu, daß die Bauern ihre alten Erdkanäle wieder verwenden und diese sogar teilweise über den neuen, betonierten Kanal hinwegführen. Stand: Sommer 1976.

8.2.2.   Abflußhindernisse

Würde im Gebirgseinzugsgebiet gerade so viel Niederschlag fallen, daß zwar Abfluß entsteht, dieser aber so gering ist, daß die Wassermenge schon im oberen Bereich des Speichers in der Dasht versickert, dann lägen optimale Bedingungen vor. Es gäbe keine Verlustmenge, die in den See transportiert würde, und auch die Verdunstungsverluste wären gering. Dieser Idealfall ist jedoch nicht gegeben.

Die häufig diskutierte Verbesserung der Vegetationsverhältnisse würde den Abfluß zwar verlangsamen, jedoch ginge hierbei auch wieder ein höherer Prozentsatz durch Interzeption und anschließende Verdunstung verloren. Darüber hinaus würde eine Vegetationsverbesserung die unbedingt erforderliche Einschränkung der Beweidung und alle weiteren damit verbundenen Konsequenzen nach sich ziehen. Dieses System des "range management (vgl. Kap. 7.3.5) wird in der Theorie zwar häufig empfohlen, läßt sich in der Praxis jedoch schlecht durchsetzen.

Im Arbeitsgebiet bieten sich praktikablere Möglichkeiten an. Wie oben erwähnt, durchbrechen fast alle größeren Flüsse die paläozoischen Kalke in Engstellen. Wenn die Wassermassen nun beim Abkommen durch eine so enge Schlucht strömen, verlangsamt sich vor der Durchbruchsstelle die Fließgeschwindigkeit derart, daß die gröbsten Komponenten, die gerade noch im Transportvorgang mitgenommen werden, liegenbleiben. Einige werden bei der nächsten Flut wieder aufgenommen, nur die gröbsten Blöcke bleiben längere Zeit akkumuliert. Da in der Schlucht selbst aufgrund der hohen Fließgeschwindigkeit keine größeren Blöcke zur Ablagerung kommen, finden wir vor den Engstellen Blockfelder, die dann kurz vor dem Schluchtanfang abfallen. Auf diesem Abfall findet nach den Beobachtungen keine Ablagerung von Blöcken mehr statt, da hier die gefällsbedingte Fließgeschwindigkeit schon wieder zu hoch ist[1].

Es muß nun eine Möglichkeit gesucht werden, diesen Prozeß, der von der Natur angeboten wird, auszunutzen oder zu verstärken. Gelänge es, die Schlucht zu verbauen, so wäre eine Rückhaltekapazität gegeben. Ein solches Staubecken wäre aber schnell wieder zugeschüttet[2]. Es muß also eine Methode gefunden werden, die erlaubt, daß Wasser durchlaufen kann, aber trotzdem eine Verlangsamung des Abflusses ermöglicht wird. Hier bieten sich Sand- oder Blockspeicherdämme an.

Bei dem erstgenannten Dammtyp wird eine Mauer stufenweise hochgezogen und jedes Jahr um einen bestimmten, auf die natürlichen Verhältnisse abgestimmten Betrag erhöht. Dies hat zur Folge, daß nur Sand und gröbere Komponenten abgelagert werden, während der Schweb weiter verfrachtet wird. Die Wasserfläche liegt immer unter der Oberfläche und ist somit gut vor Verdunstung geschützt. Wasserentnahme kann durch ein Drainagerohr oder Pumpen erfolgen.

Da bei dieser Art von Damm jedoch auch im Laufe der Jahre eine Verschlickung eintritt (WIPPLINGER 1974, S. 135 f., und 1976[3]), scheint eine Methode besser geeignet, die ROBERTS (1976)[4] beschreibt. Er berichtet über durchlässige Dämme aus Stahldrahteinheiten (gabions), die netzartig miteinander verknüpft sind und mit Steinen aufgefüllt werden.

---

1) In den breiteren Durchbrüchen ist dies nicht zu beobachten. Dort sind oftmals sogar Terrassenreste vorhanden. Dies läßt sich dadurch erklären, daß ein Wandabstand von 20 m und mehr kein Hindernis, folglich auch keine Verlangsamung der Fließgeschwindigkeit, bedeutet.
2) Jedes stehende Gewässer birgt zudem die Gefahr der Malariaausbreitung, die in diesem Gebiet noch nicht völlig unter Kontrolle ist.
3) Freundliche schriftliche Mitteilung vom Department of Civil Engineering, University of Stellenbosch, South Africa.
4) Freundliche schriftliche Mitteilung vom Illinois State Water Survey, USA.

Durch die Anlage mehrerer solcher poröser Speicherdämme ließe sich der Abfluß verlangsamen und damit die Wassermenge, die in den See strömt, reduzieren, wogegen die Grundwasserneubildungsrate ansteigen würde.

Da die Gebiete, wo eine solche Anlage in Frage käme, jedoch schwer zugänglich sind, darüber hinaus über die anfallenden Kosten keine Zahlen vorliegen, soll noch eine einfache Methode der Abflußverzögerung angesprochen werden, die leicht durchführbar ist und ein geringes Kostenvolumen hat.

Dort, wo die Schluchten eng sind, ließe sich ein ähnlicher Effekt durch Versprengung der Schluchten erzielen. Der geplante Speicherraum könnte mit Andesitschottern so weit aufgefüllt werden, bis gewährleistet ist, daß durch Ablagerung von weiteren groben Blöcken im Verlauf von Fluten langsam ein Blockspeicher entsteht. Es soll also durch einen einmaligen Eingriff ein Prozeß ausgelöst werden, der den Abfluß entscheidend verlangsamt. Wenn sich dies an etlichen Stellen durchführen ließe, ergäbe sich eine Verzögerung des Abflusses, durch die die Grundwasserneubildung im Bereich der Dasht verstärkt würde.

Wenn es damit gelänge, mehr Wasser als bisher in der Spitze des Auffächerungskegels zur Infiltration zu bringen, ergäbe sich eine Versteilung des Grundwasserspiegels. Dies würde eine Verringerung der Gefahr des Salzwasserandrangs beim Abpumpen bedeuten (vgl. Kap. 7.3.1). Die nach dem Plan benötigte zusätzliche Wassermenge kann jedoch allein dadurch nicht erreicht werden.

8.2.3   Salzwassereindampfung

Die hydrologische Situation könnte auf lange Sicht verbessert werden, wenn es gelänge, die Versickerung oder Verdunstung des höher mineralisierten Wassers der Salzquellen in den Bachbetten zu verhindern (vgl. Kap. 5.8). Die Realisierung dieser Möglichkeit ist durch Ableitung des Salzwassers in kleinen Rinnen vorstellbar, die auf der Fläche auslaufen, wo das Wasser dann in künstlichen Becken verdunsten könnte. Damit bestünde zusätzlich die Möglichkeit, neben der Verbesserung der Grundwasserqualität noch Glaubersalz, Natriumkarbonat u.ä. in bescheidenem Umfang zu gewinnen.

8.2.4   Windschutzmaßnahmen

Der schnelle Ausbau der Farm in Calanzohur hat dazu geführt, daß einige Probleme bisher vernachlässigt wurden und von dieser Seite Rückschläge und Schwierigkeiten zu erwarten sind. Eine dieser vorerst nicht beachteten Größen ist die Windwirkung. Zweifellos ist es schwierig, eine wirksame Methode zur Erniedrigung der Windgeschwindigkeit vorzuschlagen, zumal Experimente im Windkanal gezeigt haben, daß Einzelhindernisse oftmals doppelte Windgeschwindigkeiten hinter dem Hindernis verursachen und damit ein gegenteiliger Effekt erzielt werden kann. Nach eigenen Beobachtungen aus den Palmoasen dieses Untersuchungsgebiets kann allerdings gesagt werden, daß innerhalb der Oasen manchmal am Boden kaum etwas von dem Sturm zu spüren war, der die Kronen der Dattelpalmen bog. Die Anpflanzung von Dattelpalmen, die ohnehin eine traditionelle Kulturpflanze dieses Bereichs sind, böte sich längs der Bewässerungsgräben als günstige Windschutzmaßnahme an, zumal im Gegensatz zum bisher angepflanzten Schilf Erträge zu erwarten sind (vgl. Kap. 7.3.3).

In Jiroft wird das Problem der Windwirkung dadurch gelöst, daß man um die einzelnen Areale drei Meter hohe Erdwälle aufgeschüttet und diese mit Tamarisken bepflanzt hat. Die Sträucher werden bewässert, um ein schnelles Wachstum zu gewährleisten. Diese Windschutzmaßnahmen sind nach Ansicht der Agrarexperten in Jiroft durchaus zufriedenstellend. Ähnliche energieschluckende Windbrecher unter stärkerer Einbeziehung der Dattelpalme würden auch die Gefahr der Rückschläge, wie sie im Frühjahr 1976 auftraten (vgl. Kap. 3.2.1), stark minimieren. Darüber hinaus bedeutet eine Reduzierung der Windwirkung auch eine Reduzierung der Verdunstung und Evapotranspiration und damit eine Verringerung des Wasserverbrauchs.

8.2.5   Wasserqualität und Sortenwahl

Ein bisher ebenfalls zu wenig berücksichtigter Punkt bei der Nutzung der Dasht ist die Wasserqualität. Dies liegt daran, daß die Ingenieure der landwirtschaftlichen Farm zu wenig Daten über das Wasser erhalten, weil Fragen der Wasserqualität in die Kompetenz des Ministry of Water and Power fallen.

Daß die Wasserqualität einen entscheidenden Einfluß auf die Erträge hat, ist durch VAN HOORN (1975), UNESCO (1970), STYLIANOU et al. (1970, S. 13 f.), VAN SCHILFGAARDE et al. (1974) und andere Autoren zureichend bewiesen worden. "Salinity often restricts plant growth severely without the development of any acute injury symptoms. When this happens, it may lead to considerable loss of yield, and the grower may not realize that salinity is responsible." (BERNSTEIN 1964, S. 6).

In welchem Grad aber die einzelnen Pflanzen durch Salz beeinflußt werden, läßt sich nicht ohne weiteres beantworten. FAO (1974, S. 87) und FAO/UNESCO (1973, S. 280 f.) haben auf der Basis von RICHARDS et al. (1954) Listen über die Salzverträglichkeit einiger Kulturpflanzen aufgestellt. BERNSTEIN (1964) hat bereits vor Jahren die Ertragsrückgänge in Prozenten ausgedrückt. Durch Zuchtwahl, Pfropfen und ähnliche agrotechnische Maßnahmen hat sich dieses

Bild verschoben. So berichtet KRENTOS (1976)[1] über eine erfolgreiche Bewässerung von Luzerne mit Wasser, das eine Salinität von 15 000 Micromhos/cm aufweist, wogegen BERNSTEIN (1964) bereits bei 8000 Micromhos/cm einen Ertragsrückgang von 50 % und bei 9 - 10 000 Micromhos/cm die Nutzbarkeitsgrenze für Luzerne erreicht sieht.

Das Beispiel soll deutlich machen, daß nicht von vornherein eine Aussage darüber möglich ist, ob dieses oder jenes Produkt hier erfolgversprechend angebaut werden kann. Vielmehr ist es notwendig, verschiedene Arten an Ort und Stelle mit unterschiedlichen Wasserqualitäten zu bewässern, um so den höchsten Ertrag in Relation zur eingesetzten Wassermenge zu erzielen. Dies ist bisher in Calanzohur nicht geschehen. In der Regel wurde eine Sorte ausgesucht und diese meist ungeachtet der Pflanzeneigenschaften und der Eigenschaften des Milieus angebaut. So bekommen z. B. die Dattelpalmen, deren salzresistente Eigenschaften durch KREEB (1964) und FAO (1964) bekannt sind, besseres Wasser als Agrumen, deren Salzempfindlichkeit z. B. durch BINGHAM et al. (1974, S. 374), NOLZEN (1972, S. 58) und STYLIANOU et al. (1970, S. 13) beschrieben wurden. Auch hier wäre eine bessere Anpassung der Anbauprodukte an die natürlichen Verhältnisse von Vorteil.

8.2.6 Ein realistisches Planziel

Alle oben abgehandelten Vorschläge könnten jedoch nicht, falls sie überhaupt verwirklicht werden, den Wasserfehlbetrag ersetzen, der entsteht, wenn die Agrarfläche auf 8000 ha ausgedehnt wird. Dieses Planziel läßt sich nur durch den Übergang auf effizientere

---

[1] Freundliche schriftliche Mitteilung von V. D. KRENTOS, Direktor des Agricultural Research Institute des Ministry of Agriculture and Natural Resources, Nicosia, Cyprus.

Bewässerungsmethoden erreichen. Da bei starker Windwirkung Sprinkler[1] ausscheiden, bleibt als wassersparende Methode die "Trickle Irrigation", eine Methode, bei der nur die jeweilige Pflanze in kleinen dosierten Gaben mit Wasser versorgt wird. Dadurch kann die Wurzelzone immer graduell zwischen Feldkapazität[2] und Welkepunkt gehalten werden. Hiermit sind optimale Wachstumsbedingungen gegeben (GOLDBERG et al. 1970, 1971, 1971; BERNSTEIN et al. 1973; FAO 1973b).

Die natürlichen Gegebenheiten, ein gut durchlässiger Boden und Salzwasser mit einem nichttoxischen Ionisierungsgrad, wären an etlichen Stellen auf der Dasht gegeben. Es liegt hier also "nur" das Problem der Durchführung vor. Allerdings sind bis zur Installierung eines solchen Trickle-Irrigation-Systems noch etliche Jahre für Experimente und Erfahrungssammlung in Iran notwendig.

Bis das Entwicklungsstadium zu dem Punkt vorgeschritten ist, wo ein wirksameres Bewässerungssystem das alte Überstausystem ersetzen kann, erscheint es sinnvoll, daß das Planziel von 8000 ha Kulturland auf die Hälfte zurückgenommen wird. Wenn in einiger Zeit 4000 ha unter Kultur sein werden, dann sollte man eine Überprüfung der Wasserqualität durchführen, um festzustellen, ob mit den Zuwachsraten des Grundwassers gewirtschaftet oder ob der Aquifer bereits so ausgebeutet worden ist, daß ein weiterer Ausbau des Kulturlandes sinnlos erscheint. Letztlich werden die im Laufe der nächsten Jahre fallenden Niederschläge als variable Führungsgröße über Abfluß und Grundwasserneubildung entscheiden, ob die Grundwasserentnahme bei Überschreitung von Schwellenwerten zur kritischen Größe im System wird.

---

1) In Jiroft ergaben Experimente mit Sprinklern gute Ergebnisse. Da die Elektrizitätsversorgung in Jiroft jedoch nicht dauerhaft gewährleistet ist, was Hochdrucksysteme unbedingt erfordern, wurden die Experimente eingestellt.
2) "Soil is capable of holding a certain amount of water against gravity by means of the capillary forces which exist at the air-water interfaces in the unsaturated soil. The maximum amount of water which can be held in this way against gravity by a given soil is known as its field capacity." (FAO 1973a, S. 9)

9   ZUSAMMENFASSUNG

Gegenstand der vorliegenden Studie ist es, das Nutzungspotential des nordöstlichen Einzugsgebiets des Djaz-Murian-Beckens (Südost-Iran) zu bestimmen. Das zentrale Element unter den für eine Nutzung notwendigen Faktoren ist hierbei die jährliche Grundwasserneubildungsrate, da in diesem Gebiet nicht mit großen fossilen Wasserreserven gerechnet werden kann. Der jährliche Zuwachs des Grundwassers wird über Niederschlag und Abfluß bestimmt. Eine Quantifizierung dieser Größen wurde in Kenntnis der damit verbundenen Problematik vorgenommen.

Von geologischer Seite ist bedeutsam, daß das Bazman-Massiv, das aufgrund höheren Niederschlags einen Wasserüberschuß für die Dasht liefern kann, vorwiegend aus hydrologisch schlecht wegsamen, vulkanischen Aschen aufgebaut ist, die durch ihre geringe Wasseraufnahmefähigkeit einen schnellen Abfluß bewirken.

Im Gegensatz zu ähnlichen Fällen in Iran, wo die Grundwasserneubildung bereits in grobblockigen Schuttfächern am Gebirgsrand beginnt, liegen hier tonige Ablagerungen (Miozän) unter einer geringmächtigen Lockerdecke quartären Schutts. Folglich ist Grundwasserneubildung erst dort möglich, wo diese Schichten abtauchen, das Quartär (Aquifer) mächtiger wird und die Flüsse auffächern. Im tieferen Teil der Dasht sind die Korngrößen so fein, daß dort Grundwasserneubildung nur in geringem Umfang möglich ist. Es ergibt sich somit ein Streifen vor der Anbauzone, in dem Grundwasserneubildung durch Infiltration von Flußwasser stattfindet, nicht aber durch direkten Niederschlag.

Die traditionelle Nutzung erfolgte in diesem Gebiet auf der Basis von Quellwasser am Gebirgsrand sowie von Kanatwasser im tieferen Teil der Dasht. Mit diesen Methoden war es jedoch nur möglich, die Grundwasserneubildungsrate zu etwa 20 % auszubeuten.

In den letzten zehn Jahren ergaben sich durch die Einführung von Pumpen Strukturveränderungen, die durch die Anlage einer staatlichen Landwirtschaftsfarm am deutlichsten zum Ausdruck kommen. Mittels Tief- und halbtiefer Brunnen sollen auf der Dasht insgesamt 8000 ha Land unter Kultur genommen werden. Die Förderung einer entsprechend großen Wassermenge birgt jedoch Gefahren, die vor allem auf dem Vordringen des spezifisch schwereren Salzwassers beruhen. Außerdem werden die Kanate mit Sicherheit trockenfallen.

Da die jährliche Grundwasserneubildungsrate den für 8000 ha notwendigen Wasserbedarf nur zu maximal 50 % decken kann, werden hier Methoden dargestellt, die das Auseinanderklaffen zwischen Wasserbedarf und Wasserverbrauch schließen sollen, um somit den aus Wassermangel herrührenden kritischen Folgen sinnvoll und rechtzeitig zu begegnen.

SUMMARY

The aim of the present study is to determine the production potential of the northeastern catchment area of the Djaz Murian Basin (SE-Iran). In this region there are not any large resources of fossil ground water; so, the annual rate of recharge of ground water is the dominate factor determining the agricultural production. The annual rate of recharge depends on rainfall and runoff. Realizing the great number of problems involved a quantification of both of these elements has been attempted in the present study.

From the geological point of view it is of interest that the Bazman Range, whose precipitation surplus may replenish the water supply of the dasht plains, mainly consists of almost impermeable volcanic ashes, which, due to their low infiltration capacity, provoke a rapid runoff.

In contrast with similar situations in Iran, where recharge of ground water already starts in the bouldery parts of the fans at the fringe of the mountain, we find clayey sediments (Miocene) acting as an almost perfect aquiclude under a shallow layer of quaternary detritus. Consequently, recharge of ground water takes place where these clayey stratas dip to greater depths, where wadis form large alluvial fans, and where the impissation of Quaternary comes up to 60 m, a depth which is enough for a ground water body to be formed. Reaching the lower parts of the dasht, grain size diminishes with approximation to the subsequence zone. So, infiltration of surface water in flood areas (except sand dunes) diminishes too.

Therefore, in front of the agricultural zone, there is a stripe where ground water resources are recharged by percolation of river water and not by infiltration of rain water falling on interfans.

In this region the traditional agricultural production at the mountain fringe is based on spring water, whereas in the lower parts of the dasht on canat water. With these methods, however, people could exploit only about 20 % of the annual rate of recharge.

During the last decade the installation of water pumps has been responsible for a great number of new developments, which find their clearest expression in the foundation of a national farm project. By means of deep and semi-deep wells the Iranian Government is going to cultivate an area of 8 000 ha. The mining of an adequate water volume bears a lot of risks; the most dangerous factor is the salt water from the Djaz Murian Lake pressing into the dasht because of its higher specific gravity. Moreover, canats will surely dry up.

The annual rate of ground water recharge can cover only about 50 % of the water necessary for the irrigation of 8 000 ha. Therefore, methods to close the gap between water demand and water use will be pointed out in the present study.

10 LITERATURVERZEICHNIS

ABKAV LOUIS BERGER, INC.: Jiroft-Minab-Project. - New York, Teheran 1968.

ALPHEN, J.G. van: Gypsiferous soils, notes on their characteristics and management. - International Institute for Land Reclamation and Improvement, Bulletin 12. 1971.

ARDESTANI: Hydrogeologische Untersuchungen im Bereich der Dalgandasht. - Report for Ministry of Water and Power (in Farsi). - Teheran 1973.

BAHAMIN, Hormos: Hydrogeologische Untersuchungen im Gebiet von Sheitur, Ghotrum und Bafgh (Zentraliran). - Dissertation Technische Hochschule Aachen 1976.

BANERJI, S.: Hydrological problems related to the use of saline water. - Nature and Resources, Vol. 5, No. 2. 1969, S. 13-15.

BARTH, F.: Nomadism in the mountain and plateau areas of South West Asia. - Arid Zone Research XVIII. 1962, S.341-355.

BAUER, G.: Luftzirkulation und Niederschlagsverhältnisse in Vorderasien. - Gerlands Beitr. zur Geophysik 45. 1935, S. 381-548.

BEBEHANI, E.: Möglichkeiten zur Steigerung der landwirtschaftlichen Einkommen in dem Bewässerungsgebiet Varamin in Persien. - Dissertation Universität Hohenheim 1972.

BECKETT, P.H.T. u. E.D. GORDON: Land use and settlement round Kerman in Southern Iran. - Geogr. Journal Vol. 132. 1966, S. 476-491.

BERNSTEIN, L.: Salt tolerance of fruit crops. - US Department of Agriculture, Agriculture Information Bulletin 283. 1964, S. 3-23.

BERNSTEIN, L. u. L.E. FRANCOIS: Comparisons of drip, furrow and sprinkler irrigation. - Soil Science, Vol. 115. 1973, S. 73-86.

BIELORAI, H. u. J. LEWY: Irrigation regimes in a semi-arid area and their effects on grapefruit yield, water use and soil salinity. - The Israel Journal Agricultural Research 21. 1971, S. 3-12.

BINGHAM, F.T., R.J. MAHLER, J. PARRA u. L.B. STOLZY: Long-term effects of irrigation-salinity management on a Valencia Orange orchard. - Soil Science, Vol. 117. 1974, S.369-377.

BOBEK, Hans: Beiträge zur klima-ökologischen Gliederung Irans. - Erdkunde 6. 1952, S. 64-84.

BOWER, C.A.: Predictions of the effects of irrigation waters in soils. - Proceedings of the Teheran Symposium (1958): Salinity Problems in Arid Zones. 1961, S. 215-221.

BRAUN, C.: Teheran, Marrakesch und Madrid - ihre Wasserversorgung mit Hilfe von Quanaten. - Bonner Geographische Abhandlungen, Heft 52. 1974.

BRINKMAN, R. u. A.J. SMYTH: Land evaluation for rural purposes. - International Institute for Land Reclamation and Improvement (ILRI) 17. 1973.

BULTOT, F. u. G.L. DUPRIEZ: Estimation des valeurs journalières de l'évapotranspiration potentielle d'un bassin hydrographique. - Journal of Hydrology 21. 1974, S. 321-338.

CASTANY, G.: Traité pratique des eaux souterraines. - Paris 1967.

CASTANY, G.: Prospection et exploitation des eaux souterraines.- Paris 1968.

CHATTERJI, P.C., R.K. SAXENA u. M.L. SHARMA: Hydrogeology of quaternary formation from River Luni and its tributaries catchment. - Annals of Arid Zone, Vol. 7. 1968, S. 31-48. (Publikationsreihe des Central Arid Zone Research Institute, Jodpur, India).

CHATTERJI, P.C., R.K. SAKSENA u. M.L. SHARMA: Hydrogeology of Malany Suite of igneous rocks. - Proceedings of the Symposium on Groundwater Studies in Arid and Semi-Arid Regions. University of Rookee, India, Oct. 27 - 30 1966. o.O. 1969, S. 37-53.

CHRISTIANSEN-WENIGER, F.: Alte Methoden der Wassergewinnung für Bewässerungszwecke im Nahen und Mittleren Osten unter besonderer Berücksichtigung der Kanate. - Wasser und Nahrung 7. 1961, S. 73-84.

COHEN, O.P., M. EVENARI, L. SHANAN u. N.H. TADMOR: "Runoff Farming" in the desert: II. Moisture use by young apricot and peach trees. - Agronomy Journal, Vol. 60. 1968, S. 33-38.

COLLIS-GEORGE, N.: A laboratory study of infiltration-advance. - Soil Science, Vol. 117. 1974, S. 282-287.

CONRAD, G., J. CONRAD u. M. GIROD: Les formations continentales tertiaires et quaternaires du bloc du Lout (Iran): importance du plutonisme et du volcanisme. - Manuskript 1977.

DARLING, F.F. u. M.A. FARVAR: Ecological consequences of
    sedentarization of nomads. - In: FARVAR, M.T. u.
    J.P. MILTON (Eds.): "The careless technology".
    New York 1972.

DAVIS, S. u. DE WIEST, R.: Hydrogeology. - New York, London,
    Sydney 1966.

DEHSARA, M.: An agro-climatological map of Iran. - Archiv für
    Meteorologie, Geophysik und Bioklimatologie, Serie B,
    21. 1973, S. 293-402.

DIN 2000: Leitsätze für die zentrale Trinkwasserversorgung. -
    Fachnormenausschuß Wasserwesen im DNA. Berlin, Köln 1959.

DJAVADI, C.: Climats de L'Iran. - Monographies de la Météorologie
    Nationale, No. 54. 1966.

DRESCH, J.: Reconnaissance dans le Lut (Iran). - Bulletin de
    l'Association de Géographes Français No. 362-363. 1968,
    S. 143-153.

DUDAL, R.: A framework for land evaluation, draft edition. -
    FAO Sig.: AGL/MISC/73/14. Rom 1973.

EATON, F.M.: Significance of carbonates in irrigation waters. -
    Soil Science, Vol. 69. 1950, S. 123-133.

EATON, F.M.: Formulas for estimating leaching and gypsum require-
    ments of irrigation waters. - Texas Agricultural Experi-
    ment Station, Irrigation Conference of Ysleta, July 1951.
    Texas 1951.

EHMAN, D.: Bachtiyaren - Persische Bergnomaden im Wandel der
    Zeit. - Beihefte zum Tübinger Atlas des Vorderen Orients,
    Reihe B, (Geisteswissenschaften) Nr. 15. Wiesbaden 1973.

ENGLISH, P.W.: The origin and spread of quanats in the Old World.-
    Proceedings of the American Philosophical Society, Vol.
    112. 1968, S. 170-181.

EVENARI, M., L. SHANAN u. N.H. TADMOR: "Runoff Farming" in the
    desert. I. Experimental layout. - Agronomy Journal,
    Vol. 60. 1968, S. 29-32.

EVENARI, M., L. SHANAN u. N.H. TADMOR: The challenge of a desert.-
    Cambridge 1971.

FAO: Dates in Iran. - Report to the Government of Iran, Expanded
    Program of Technical Assistance, FAO-No. 1824. 1964.

FAO: Seminaire de Granada sur les eaux souterraines projet du
    Guadalquivir espagne. - Bulletin d'irrigation et de
    drainage 18. 1972.

FAO: Man's influence on the hydrological cycle. - Irrigation and Drainage Series 17. 1973. (Zitiert als 1973a).

FAO: Trickle irrigation. - Irrigation and Drainage Paper 14. 1973. (Zitiert als 1973b).

FAO: Soil survey in irrigation investigations. - Soils Bulletin, draft edition. 1974.

FAO: Perspective study of agricultural development for Iran. - Rom 1975. (Zitiert als 1975a).

FAO: Problems and trends of agriculture development related to desertisation. - UNEP Regional Meeting on De-Desertisation and Arid Land Ecology, Teheran, 26 February - 4 March 1975. FAO Sig.: AGDE/MISC/1. 1975. (Zitiert als 1975b).

FAO/UNDP: Integrated planning of irrigated agriculture in the Varamin and Garmsar plains. - FAO Sig.: AGL: SF/IRA 12, Technical Report 6. 1970.

FAO/UNDP: Integrated planning of irrigated agriculture in the Varamin and Garmsar plains. - FAO Sig.: AGL: SF/IRA 12, Technical Report 3 and 4. 1972. (Zitiert als 1972a).

FAO/UNDP: Water management and soil reclamation (Iran). - FAO Sig.: AGL: SF/IRA 18, Technical Report 3. 1972. (Zitiert als 1972b).

FAO/UNESCO: Irrigation, drainage and salinity. - London 1973.

FÜRST, M.: Stratigraphie und Werdegang der östlichen Zagrosketten (Iran). - Erlanger Geologische Abhandlungen, Heft 80. 1970, S. 1-51.

GANJI, M.H.: Climate. - In: Cambridge History of Iran. Teheran 1968, S. 212-249.

GEHRKE, U. u. H. MEHNER: Iran - Natur, Bevölkerung, Geschichte, Kultur, Staat, Wirtschaft. - Ländermonographien, Bd. 5. Tübingen und Basel 1975.

GHAZI NOORI, M.: Hydrology of surface water in Iran. - Symposium on Hydrology and Water Resources Development, 1st. Paper presented at the Ankara Office of US Economic Coordinator for CENTO affairs. Ankara, Turkey 1966, S. 199-211.

GOBLOT, H.: Le problème de l'eau en Iran. - Acta Geographica 48. 1963, S. 25-36.

GOLDBERG, D. u. M. SHMUELI: Drip irrigation - a method used under arid and desert conditions of high water and soil salinity. - Transactions of the American Society of Agricultural Engineers, Vol. 13. 1970, S. 38-41.

GOLDBERG, D., B. GORNAT u. Y. BAR: The distribution of roots, water and minerals as a result of trickle irrigation. - Journal American Society Horticultural Science, Vol. 96. 1971, S. 645-648.

GOLDBERG, D., M. RINOT u. N. KARU: Effect of trickle irrigation intervals on distribution and utilization of soil moisture in a vineyard. - Soil Science Society American Proceedings, Vol. 35. 1971, S. 127-130.

HADAS, A. u. D. HILLEN: Steady-state evaporation through non-homogenous soils from a shallow water table. - Soil Science, Vol. 113. 1972, S. 65-73.

HANF, C.H. u. E. BEBEHANI: Optimale Strategien zur Speicherung von Wasser bei starken jährlichen Unterschieden im Wasseranfall. - Z. f. Bewässerungswirtschaft 6. 1971, S. 23-37.

HASHEMI, F.: Predicting the wheat yield of Iran with weather data. - Iranian Meteorological Department, DDC No. 630.2515. Teheran 1973.

HASHEMI, F.: Agroclimatic zoning of Iran. - Iranian Meteorological Organization, DDC No. 630.2515. Teheran 1974.

HEKKET, H.: Karadj farm irrigation for U.N.S.F. Project No. 136.- FAO-paper, Rom 1966.

HEM, J.D.: Study and interpretation of the chemical characteristics of natural water. - Geol. Survey Water Supply Paper, 1473. Washington 1970.

HÖLL, K.: Wasser - Untersuchung, Beurteilung, Aufbereitung, Chemie, Bakteriologie, Biologie. - Berlin 1970.

HOORN, J.W. van: Summary of the water quality test at the Cherfech Experimental Station. - o.O., 1975.

HUBER, H.: Geological map of Iran, 1 : 1 000 000, sheet No. 6: South East Iran, with explanatory notes. - Publ. by National Iranian Oil Company, Teheran 1972.

ISRAELSEN, O.W. u. V.E. HANSEN: Irrigation principles and practices. - New York, London, Sydney 1962.

ITALCONSULT: Economic and social development plan for the south-eastern region, project 4, Bampur Area agricultural development comprehensive flood control and irrigation plan.- Rom 1962.

KAUL, R.N. u. D.C. THALEN: Range ecology at the institute. - Nature and Resources, Vol. 7, No. 2. 1971, S. 10-14.

KESSLER, M.: Die Viehwirtschaft im Intensitätsprofil des Agrarraumes Iran-Anatolien-Balkan-Mitteleuropa. - Geographische Rundschau 21. 1969, S. 51-59.

KNAPP, R.: Weide-Wirtschaft in Trockengebieten. - Gießener Beiträge zur Entwicklungsforschung, Bd. 1, Stuttgart 1965.

KNETSCH, G.: Über Boden- und Grundwasser in der Wüste. - Nova Acta Leopoldina N. F. Bd. 31, Nr. 176. 1966, S. 67-88.

KREEB, K.: Ökologische Grundlagen der Bewässerungskulturen in den Subtropen. - Stuttgart 1964.

KRUSEMAN, P. u. N. DE RIDDER: Untersuchung und Anwendung von Pumpversuchsdaten. - Köln-Braunsfeld 1973.

LEIDLMAIR, A.: Umbruch und Bedeutungswandel im nomadischen Lebensraum des Orients. - Geogr. Zeitschrift 53. 1965, S. 81-100.

LEOPOLD, L.B., M.G. WOLMAN u. I.P. MILLER: Fluvial processes in geomorphology. - San Francisco, London 1964.

LOMAS, J.: Forecasting wheat yields from rainfall data in Iran. - WMO-Bulletin, Vol. 21. 1972, No. 1.

LVOVITCH, M.C.: The world's water. - Moskau 1974.

MANSOUR, A.H.: Les problèmes pastoraux et humains dans les zones arides du Moyen-Orient. - Journal d'Agriculture Tropicale et de Botanique Appliquée 14. 1967, S. 454-493.

MAROTZ, G.: Möglichkeiten und Grenzen einer Wasserspeicherung im natürlichen Untergrund des Tales der Iller. - Auszug aus Mitteilungsheft Nr. 7 des Instituts für Wasserwirtschaft, Grundbau und Wasserbau, 1967.

MAROTZ, G.: Technische Grundlagen einer Wasserspeicherung im natürlichen Untergrund. - Mitteilungen des Instituts für Wasserwirtschaft, Grundbau und Wasserbau, Heft 9. 1968.

MAROTZ, G.: Unterirdische Wasserspeicher. - VDI-Berichte Nr. 145. 1970, S. 9-17.

MATTHESS, G.: Die Beschaffenheit des Grundwassers. - Berlin, Stuttgart 1973.

MEIGS, P.: World distribution of arid and semiarid homoclimates. - Rev. of Research on Arid Zone Hydrology, UNESCO. 1953, S. 203-209.

MEIJERINK, A.M.: Photo-hydrological reconnaissance surveys. - International Institute for Aerial Survey and Earth Sciences (ITC), Enschede 1974.

MINISTRY OF WAR: Meteorological Yearbook 1970. - Teheran 1974.

MINISTRY OF WATER AND POWER: Evaporation in Iran; from the earliest available data to 1347 (1968). - Teheran 1968.

MONDAL, R.C.: Quality of ground waters in Siwana, Jalore and Saila development blocks. - Proceedings of the Symposium of Problems of the Indian Arid Zone, Jodpur, 1964. 1971, S. 148-153.

NACE, R.: History of hydrology - a brief summary. - Nature and Resources, Vol. 10, No. 3. 1974, S. 2-9.

NADJI-ESFAHANI, M.: Geologie und Hydrogeologie des Gebiets von Kashan/Iran. - Dissertation Technische Hochschule Aachen 1971.

NATIONAL ACADEMY OF SCIENCES: More water for arid lands - promising technologies and research opportunities. - Washington 1974.

NATIONAL GEOGRAPHIC ORGANISATION: Topographische Karte: joint operations graphic (ground), (Ausgabe in Farsi), 1 : 250 000, mit folgenden Blättern:
NG 40 - 4   Hamun-e-Djaz-Murian
NG 41 - 1   Iranshahr
NG 40 - 16   Fahraj
NG 41 - 13   Khash

NOLZEN, H.: Hydrologische Probleme der Agrumenkulturen auf Cypern. - Freiburger geographische Mitteilungen, Heft 1. 1972, S. 43-63.

PACL, J.: Orographical influences on distribution of precipitation; physiographic factors and hydrological approaches.- In: Distribution of precipitation in mountainous areas. WMO/OMM No. 326. 1972.

PARDE, M.: Beziehungen zwischen Niederschlag und Abfluß bei großen Sommerhochwässern. - Bonner Geogr. Abhandlungen, Heft 15, 1954.

PILGER, A.: Die zeitlich-tektonische Entwicklung der iranischen Gebirge. - Clausthaler geologische Abhandlungen, Heft 8. 1971.

PLAN ORGANISATION: Fourth national development plan, 1968-1972. - Teheran 1968.

PLANK, Ulrich: Der Teilbau im Iran. - Z. f. ausländische Landwirtschaft 1962, S. 47-81.

POZDENA, H.: Das Dashtiari-Gebiet in Persisch-Belutschistan. - Dissertation Univ. Wien 1975.

PREU, C.: Zur rezenten Vergletscherung des Inneren Zardeh-Kuh-Massives, Zagros, Iran, dargestellt im Gesamtrahmen der Glazialphänomene Vorderasiens. - Zulassungsarbeit am Geographischen Institut der Universität Würzburg 1976.

RAINBIRD, A.F.: Methods of estimating areal average precipitation. - WMO-IHD-Report No. 3. 1967.

RAMASWAMY, C.: On a remarcable case of dynamical and physical interaction between middle and low latitude weather systems over Iran. - Indian Journal of Meteorology and Geophysics, Vol. 16, No. 2. 1965, S. 177-200.

REEVE, R.C. and M. FIREMAN: Salt problems in relation to irrigation. - Agronomy Series of Monographs, No. 11. 1967, S. 988-1008.

RHOADES, J.D.: Quality of water for irrigation. - Soil Science, Vol. 113. 1972, S. 277-284.

RICHARDS, L.A. (Ed.): Diagnosis and improvement of saline and alkali soils. - Agricultural Handbook Nr. 60, Denver, Colorado 1954.

RICHTER, W. u. W. LILLICH: Abriß der Hydrogeologie. - Stuttgart 1975.

ROBINSON, T.W.: Phreatophytes and their relation to water in Western United States. - Transactions, American Geophysical Union, Vol. 33, No. 1. 1952, S. 57-61.

RUTTNER-KOLISKO, A.E.: The influence of climatic and edaphic factors on small astatic waters in the East Persian salt desert. - Verhandl. Internat. Verein. Limnol. 16. 1966, S. 524-531.

RUTTNER, A.W. u. A.E. RUTTNER-KOLISKO: Some data on the hydrology of the Tabas-Shirgesht-Ozbak-kuh area (East Iran). - Jahrbuch Geol. Bundesanstalt Wien 115. Heft 1, 1972, S. 1-48.

RUTTNER, A.W. u. A.E. RUTTNER-KOLISKO: The chemistry of springs in relation to the geology in an arid region of the Middle East (Khurasan, Iran). - Verhandl. Internat. Verein. Limnol. 18. 1973, S. 1751-1752.

SAKSENA, R.K., M.L. SHARMA u. H.R. JODHA: Quality of groundwater for irrigation in Ahor development block, Jalore District, Western Rajastan. - Annals of Arid Zone, Vol. 5. 1966, S. 204-218.

SCHILFGAARDE, J. van: Irrigation management for salt control. - Journal of the Irrigation and Drainage Division. Proceedings of the American Society of Civil Engineers. Vol. 100. 1974, S. 321-338.

SCHNITZER, W.: Bromphenolblau zur Unterscheidung von Kalkstein und Dolomit. - Zement - Kalk - Gips Nr. 1. 1967, S. 31-32.

SCHOELLER, H.: Utilité de la notion des échanges de bases pour la comparaison des eaux souterraines. - Bull. Soc. Géol. France, Vol. 5. 1935, S. 651-657.

SCHOLZ, F.: Belutschistan (Pakistan). - Göttinger Geogr. Abhandlungen, Heft 63. 1974.

SHANAN, L., N.H. TADMOR, M. EVENARI u. P. REINIGER: Runoff farming in the desert. III. Microcatchments for improvement of desert range. - Agronomy Journal, Vol. 62. 1970, S. 445-449.

SOIL INSTITUTE OF TEHERAN: Semidetailed map for land classification for irrigation - Dalgan Area. - Maßstab 1 : 50 000. Teheran o.J.

STRAHLER, A.: Physical geography. - New York, London, Sydney 1975.

STRATIL-SAUER, G.: Eine Route im Gebiet des Kuh-e-Hezar (Südiran). - Petermanns Geogr. Mitt. 83. 1937, S. 309-313, 353-356.

STRATIL-SAUER, G.: Studien zum Klima der Wüste Lut und ihrer Randgebiete. - Sitz. Ber. d. Österr. Akad. d. Wissensch. Math.-Nat. Kl. Abt. I, Bd. 161/1. 1952, S. 19-78. (Zitiert als 1952a).

STRATIL-SAUER, G.: Die Sommerstürme Südost-Irans. - Archiv für Meteorologie, Geophysik und Bioklimatologie, Serie B, Bd. IV/2. 1952, S. 133-153. (Zitiert als 1952b).

STRATIL-SAUER, G. u. O.R. WEISE: Zur Geomorphologie der Südlichen Lut und zur Klimageschichte Irans. - Würzburger Geographische Arbeiten, Heft 41. 1974.

STYLIANOU, Y. u. P.I. ORPHANOS: Irrigation of Shamouti Oranges with saline water. - Cyprus Agricultural Research Institute, Technical Bulletin 6. 1970.

TADMOR, N. u. I. NOY MEIR: Methodology for the study of productivity in arid ecosystems. - Paper Botany Department Hebrew University, Israel. o.J.

THORNE, J.P. u. D.W. THORNE: Irrigation waters of Utah. - Utah Agricultural Experiment Station Bulletin, 346. 1951.

TOSI, M.: Modern geographical and economic data for an introduction to the problem of subsistence and settlement in the ancient Bampur Valley. - Rom 1975.

TROLL, C.: Quanatbewässerung in der Alten und Neuen Welt. - Mitt. Österr. Geogr. Ges., Bd. 105. 1963, S. 313-330.

TRUSHEIM, F.: Zur Tektogenese der Zagros-Ketten Süd-Irans. - Z. Deutsch. Geol. Ges., Bd. 125. 1974, S. 119-150.

UNESCO: Tunisie. Recherche et formation en matière d'irrigation avec des eaux salées. - 1962-1969, rapport technique, Paris 1970.

UNGER, J.L.: Basic data for land appraisal-check list. - Appendix to background document: Expert Consultation on Land Evaluation for Rural Purposes.o.O., 1972.

US DEPARTMENT OF THE INTERIOR: Expert consultation on land evaluation for rural purposes - background material for irrigation suitability classification. - A contribution prepared by staff of the Bureau of Reclamation of the United States Department of the Interior. o.O. o. J.

WALKER, J.M.: The monsoon of Southern Asia: A review. - Weather 27. 1972, S. 178-179.

WALTER, H.: Vegetationszonen und Klima. - Stuttgart 1970.

WEISE, O.R.: Zur Hangentwicklung und Flächenbildung im Trockengebiet des iranischen Hochlandes. - Würzburger Geographische Arbeiten, Heft 42. 1974.

WILCOX, L.V.: The quality of water for irrigation use. - US Department of Agriculture, Technical Bulletin 1962. 1948.

WILCOX, L.V.: Classification and use of irrigation waters. - US Department of Agriculture, Circular No. 969. 1955, S. 1-19.

WILCOX, L.V. u. W.H. DURUM: Quality of irrigation water. - Agronomy Series of Monographs, No. 11. 1967, S. 104-122.

WILHELM, F.: Hydrologie, Glaziologie. - Hamburg, München 1966.

WIPPLINGER, O.: Sand storage dams in South West Africa. - Die Sieviele Ingenieur in Suid-Afrika 1974, S. 135-136.

WIRTH, Eugen: Das Problem der Nomaden im heutigen Orient. - Geographische Rundschau 21. 1969, S. 41-51.

WIRTH, Eugen: Nordafrika und Vorderasien. - In: H. Mensching u. E. Wirth (Hrsg.): Nordafrika und Vorderasien. Fischer Länderkunde, Bd. 4, Frankfurt/Main 1973.

WMO: Measurement and estimation of evaporation and evapotranspiration. - Technical Note No. 83, WMO-No. 201. TP. 105. 1966.

WMO: Forecasting of heavy rains and floods. - Proceedings of a WMO-Seminar at Kuala Lumpur, 11. - 23. November 1968. 1970.

YAIR, A. u. M. KLEIN: The influence of surface properties on flow and erosion processes on debris covered slopes in an arid area. - Catena 1. 1973, S. 1-18.

11 ANHANG: ZUR METHODIK DER WASSERUNTERSUCHUNGEN

Zur Entnahme von Wasserproben aus Quellen am Auslauf von Kanaten oder aus Ableitungsrohren von Pumpen wurden Plastikflaschen verwendet. Die Wasserproben wurden danach im Feldlabor in Bazman bei 20°C auf Gesamthärte, Karbonathärte, Chlorid und Kalzium untersucht. Der Magnesiumwert ergibt sich aus der Differenz von Gesamthärte und dem Kalziumgehalt (in mval/l). Da die entsprechenden Lokalitäten meist mehrmals beprobt wurden, stellen die im Feldlabor gewonnenen Werte Durchschnittswerte dar. Aus der Anzahl von etwa 80 verschiedenen Proben wurde dann aus Gründen der Zuladung des Fahrzeugs ein Teil ausgesucht und im Labor zusätzlich auf Natrium, Kalium, elektrische Leitfähigkeit und pH-Wert untersucht. Neben diesen Analysen wurden die Proben nochmals auf Ca^{2+}, HCO_3^- und Cl^- untersucht, um eine etwaige Veränderung durch Ausfällung oder Lösung herauszufinden. Die Laborergebnisse ergaben jedoch fast immer die gleichen Werte.

Die Untersuchung auf Cl^-, Ca^{2+}, HCO_3^- und Gesamthärte erfolgte titrimetrisch nach Verfahren, die im folgenden beschrieben werden.

Ca-Analyse: 100 ml einer Probe werden mit Natronlauge auf einen pH-Wert von 11 gebracht. Danach wird Murexid (Farbstoff) hinzugegeben und mit Titriplex III (Merck) von rosarot auf violett titriert. Dabei entspricht der Verbrauch von 1 ml Titriplex 4,008 mg Ca^{2+}.

Gesamthärte: 100 ml einer Probe werden mit 1 - 2 ml Amoniak versetzt und eine Puffertablette (Merck, Art. 8430) hinzugegeben. Die Titrierung erfolgt mit Titriplex A von rot auf grün. 1 ml verbrauchtes Titrisol, multipliziert mit 5,6, ergibt die Gesamthärte in d°.

Hydrogenkarbonat: 100 ml einer Probe werden unter Zugabe von Methylorange als Indikator mit einer 0,1 n HCl-Lösung titriert, bis die Farbe nach gelb-braun umschlägt. Dem Verbrauch von 1 ml 0,1 n HCl entspricht ein mval, das wiederum 2,8 d^o entspricht.

Chlorid: 100 ml einer Probe wurden 2 ml einer 5%igen Kaliumchromatlösung zugegeben. Die Titrierung erfolgt mit Silbernitrat von gelb nach gelb-braun, wobei 1 ml $AgNO_3$ 35,45 mg/Cl^- entspricht.

PH-Wert und elektr. Leitfähigkeit: Der pH-Wert wurde elektrisch gemessen; die elektrische Leitfähigkeit wurde unter Berücksichtigung der Temperatur gemessen.

Natrium und Kalium: Natrium und Kalium wurden mit Hilfe der Atomemission festgestellt. In beiden Fällen mußte vor dem Meßvorgang eine Eichkurve auf der Basis verschieden konzentrierter Vergleichslösungen angefertigt werden. Durch die Angabe der Extinktion am Gerät konnte somit die Konzentration aus der Eichkurve abgelesen werden. Die Eichkurve wurde aus einer Stammlösung in einer Konzentration von 1,3,5,7 und 10 mg Na^+ bzw. K^+ hergestellt. Bei den Proben wie bei den Eichlösungen wurden dabei 10 ml der Probe unter Zusatz von 10 ml Caesiumchloridaluminiumnitrit und 1 ml HCl mit destilliertem Wasser auf 100 ml aufgefüllt. Bei höheren Konzentrationen mußte entsprechend verdünnt werden.

Eisen und Kupfer: Die Untersuchung auf Fe^{2+} und Kupfer mit Hilfe der Atomabsorption lieferte keine Ergebnisse. Da bei einem pH-Wert zwischen 6 - 8, wie er bei den meisten Proben gegeben ist, Fe^{2+} in der Regel mobil ist, wäre es auch nachweisbar, wenn nicht beim Kontakt mit der Luft eine Ausfällung entsprechend der folgenden Gleichung stattfinden würde (vgl. DAVIS und DE WIEST 1966).

$$2\ Fe^{2+} + 4\ HCO_3^- + H_2O + 1/2\ O_2 \rightarrow 2\ Fe(OH)_3 + 4\ CO_2$$

Da die Löslichkeit von Eisenhydroxid bei normalem pH zu niedrig ist, ist es in der Lösung nicht nachweisbar.

Im schwach sauren und alkalischen Bereich, dem die Proben durchweg angehören, liegt Kupfer in Form schwer löslicher Oxide vor. Daher wurde auch von dieser Untersuchung kein positives Ergebnis erwartet.

Sulfat: Bei zwei Proben, bei denen der Verdacht auf erhöhten SO_4^{--} - Gehalt vorlag, wurde eine titrimetrische Sulfatbestimmung durchgeführt. 80 ml einer Wasserprobe wurden in einen 100 ml Meßkolben pipetiert, mit 6 - 8 Tropfen 25 % HCl angesäuert und mit 6 ml n/10 $BaCl_2$-Lösung (12,22 g $BaCl_2$ x 2 H_2O/l) versetzt.

Nach 10 min werden 9 ml n/10 $K_2Cr_2O_7$ (4,903 g/l) zugegeben, mit 10 - 15 Tropfen NH_3 25%ig alkalisch gemacht und zur Marke aufgefüllt. Der Niederschlag wird durch einen Filter filtriert.

40 ml des Filtrats werden in einen Weithals-
erlmeyer pipetiert. Dann gibt man etwas
Kaliumjodidlösung zu, säuert mit 10 ml HCl
25%ig an und läßt es 10 min im Dunkeln
stehen. Als Indikator wurde Stärkelösung
verwendet und dann mit Na-Thiosulfat n/100
titriert.

Berechnung:

Verbrauch an Thiosulfat x F x 10 = mg SO_4^{--}/l
(F = Faktor der Eichlösung)

6 ml $BaCl_2$ binden 288 mg SO_4^{--}.
Da 80 ml H_2O verwendet werden, können maximal
360 mg/l SO_4^{--} titriert werden.

Der SO_4^{--}-Gehalt lag jedoch höher als 360 mg/l.
Daher war diese Methode nur dazu geeignet, den
hohen SO_4^{--}-Gehalt der Wässer nachzuweisen.
Die absolute Höhe wird später noch für alle
Wässer ermittelt werden. Für die Bearbeitung
der vorliegenden Thematik ist die genaue Bestimmung nicht notwendig.

Bild 1. Plio-/pleistozäner Tuff westlich der Oase Bazman, im mittleren Hintergrund von Andesiten überlagert. Die Asphaltstraße Iranshahr - Bam verläuft von links nach rechts.
(Jungfer, Mai 1976)

Bild 2. Granitrelief südwestlich der Oase Sorgah. Von rechts nach links zieht das Bachbett von Sorgah (an der Vegetation zu erkennen). (Jungfer, August 1975)

Bild 3. Blick von Osten auf die Quellen des Calanzohur-rud.
Am Fuß der Quellen steht Miozän an (s. Pfeil), im Hintergrund
die nach Süden vorspringenden Kalke. (Jungfer, April 1976)

Bild 4. Stark verkarstete paläozoische Kalke im Tal des Kahur-
rud (bei Punkt V3). (Jungfer, April 1976)

Bild 5. Gipfel des Kuh-e-Bazman aus einer Höhe von 2800 m von Südwesten aufgenommen. Auf dem letzten Anstieg (zwischen den Pfeilen) ist die Andesitdecke, deren Schotter im Vordergrund noch zu sehen sind, bereits völlig erodiert. Der weiße Fleck markiert die letzten Schneereste. (Jungfer, 27. 4. 1976)

Bild 6. Blick aus 3000 m nach Süden. Das radiale Entwässerungssystem wird durch die paläozoischen Kalke nach Westen abgeleitet, wo diese niedriger sind. (Jungfer, 27. 4. 1976)

Bild 7. Durchbruch des Kahur-rud durch die paläozoischen Kalke, an dieser Stelle auch Quellaustritte (Punkt V3). (Jungfer, 5. 4. 1976)

Bild 8. Starkregen in der Oase Bazman (Jungfer, 14. 3. 1976)

Bild 9. Dalgan-rud nach Starkregen. (Weise, März 1976)

Bild 10. Aufnahme an der gleichen Stelle wie Bild 13, nur 18 Stunden später. (Weise, März 1976)

Bild 11. Dalgan-rud bei der Furt nördlich von Lady. Der Wasserstand wurde in der Nacht noch um ca. 1 m übertroffen. (Jungfer, 26. 3. 1976)

Bild 12. Der Dalgan-rud an der Furt westlich von Lady (Piste Lady - Chah Alvand), Beginn der Auffächerungszone. (Jungfer, März 1976)

Bild 13. Luftaufnahme des nördlichen Seeufers. Links im Vordergrund Fluren in einem Streifen grundwasserabhängiger Vegetation, zwischengeschaltet Dünen, im Mittelgrund die Salztonebenen, im Hintergrund der See. (April 1976)

Bild 14. Durch Grundwasseranstieg überflutete Pumpe (Typ Lister) bei Lady. Zur Wasserförderung muß mit Hilfe einer zweiten Pumpe (Rohr links) erst der Schacht leergepumpt werden. (Jungfer, 26. 3. 1976)

Bild 15. Pumpe vom Typ Blackstone. Aufnahme in einem Dünenfeld feld bei Dalgan. (Jungfer, April 1976)

Bild 16. Nomaden beim Graben nach Trinkwasser (Grundwasserspiegel hier ca. 50 cm unter Flur) in einem trockenliegenden Riverwash. Mit den Zweigen soll das Wasserloch vor Verunreinigung durch Tiere geschützt werden. (Jungfer, 17. 4. 1976)

Bild 17. Brunnenschacht bei Calancontac. Da der Aquifer hier in der Vertikalen nur bedingt durchlässig ist, strömt das Wasser beim Abpumpen seitlich in den Brunnenschacht nach. (Weise, März 1976)

Bild 18. Der durch Unterspülung zerstörte Bampur-Seitenkanal. An dieser Stelle wurde der Kanal in einer Wanne über eine Rinne geführt. (Jungfer, Oktober 1975)

Bild 19. Der Damm des Bampur-rud. Um mehr Wasser ableiten zu können, wurde der Damm durch Reisiggeflecht, das mit Ton verstopft wurde, erhöht. (Jungfer, Oktober 1975)

Bild 20. Der gleiche Damm nach heftigen Niederschlägen im Einzugsgebiet. Das Geflecht ist nahezu weggespült. Die Sperre selbst ist ca. 60 m lang und 3,5 m hoch. (Jungfer, März 1976)

Erlanger Geographische Arbeiten

Herausgegeben vom Vorstand der Fränkischen Geographischen Gesellschaft

ISSN 0170—5172

Heft 6. *Bauer, Herbert F.:* Die Bienenzucht in Bayern als geographisches Problem. 1958. IV, 214 S., 16 Ktn., 5 Abb., 2 Farbbilder, 19 Bilder u. 23 Tab. im Text, 1 Kartenbeilage.
ISBN 3 920405 05 6　　　　　　　　　　　　　　　　kart. DM 19,—

Heft 7. *Müssenberger, Irmgard:* Das Knoblauchsland, Nürnbergs Gemüseanbaugebiet. 1959. IV, 40 S., 3 Ktn., 2 Farbbilder, 10 Bilder u. 6 Tab. im Text, 1 farb. Kartenbeilage.
ISBN 3 920405 06 4　　　　　　　　　　　　　　　　kart. DM 9,—

Heft 8. *Burkhart, Herbert:* Zur Verbreitung des Blockbaues im außeralpinen Süddeutschland. 1959. IV, 14 S., 6 Ktn., 2 Abb., 5 Bilder.
ISBN 3 920405 07 2　　　　　　　　　　　　　　　　kart. DM 3,—

Heft 9. *Weber, Arnim:* Geographie des Fremdenverkehrs im Fichtelgebirge und Frankenwald. 1959. IV, 76 S., 6 Ktn., 4 Abb., 17 Tab.
ISBN 3 920405 08 0　　　　　　　　　　　　　　　　kart. DM 8,—

Heft 10. *Reinel, Helmut:* Die Zugbahnen der Hochdruckgebiete über Europa als klimatologisches Problem. 1960. IV, 74 S., 37 Ktn., 6 Abb., 4 Tab.
ISBN 3 920405 09 9　　　　　　　　　　　　　　　　kart. DM 10,—

Heft 11. *Zenneck, Wolfgang:* Der Veldensteiner Forst. Eine forstgeographische Untersuchung. 1960. IV, 62 S., 1 Kt., 4 Farbbilder u. 23 Bilder im Text, 1 Diagrammtafel, 5 Ktn., davon 2 farbig, als Beilage.
ISBN 3 920405 10 2　　　　　　　　　　　　　　　　kart. DM 19,—

Heft 12. *Berninger, Otto:* Martin Behaim. Zur 500. Wiederkehr seines Geburtstages am 6. Oktober 1459. 1960. IV, 12 S.
ISBN 3 920405 11 0　　　　　　　　　　　　　　　　kart. DM 3,—

Heft 13. *Blüthgen, Joachim:* Erlangen. Das geographische Gesicht einer expansiven Mittelstadt. 1961. IV, 48 S., 1 Kt., 1 Abb., 6 Farbbilder, 34 Bilder u. 7 Tab. im Text, 6 Ktn. u. 1 Stadtplan als Beilage.
ISBN 3 920405 12 9　　　　　　　　　　　　　　　　kart. DM 13,—

Heft 14. *Nährlich, Werner:* Stadtgeographie von Coburg. Raumbeziehung und Gefügewandlung der fränkisch-thüringischen Grenzstadt. 1961. IV, 133 S., 19 Ktn., 2 Abb., 20 Bilder u. zahlreiche Tab. im Text, 5 Kartenbeilagen.
ISBN 3 920405 13 7　　　　　　　　　　　　　　　　kart. DM 21,—

Heft 15. *Fiegl, Hans:* Schneefall und winterliche Straßenglätte in Nordbayern als witterungsklimatologisches und verkehrsgeographisches Problem. 1963. IV, 52 S., 24 Ktn., 1 Abb., 4 Bilder, 7 Tab.
ISBN 3 920405 14 5　　　　　　　　　　　　　　　　kart. DM 6,—

Heft 16. *Bauer, Rudolf:* Der Wandel der Bedeutung der Verkehrsmittel im nordbayerischen Raum. 1963. IV, 191 S., 11 Ktn., 18 Tab.
ISBN 3 920405 15 3　　　　　　　　　　　　　　　　kart. DM 18,—

Heft 17. *Hölcke, Theodor:* Die Temperaturverhältnisse von Nürnberg 1879 bis 1958. 1963. IV, 21 S., 18 Abb. im Text, 1 Tabellenanhang u. 1 Diagrammtafel als Beilage.
ISBN 3 920405 16 1　　　　　　　　　　　　　　　　　　　kart. DM 4,—

Heft 18. Festschrift für Otto Berninger.
Inhalt: Erwin Scheu: Grußwort. — Joachim Blüthgen: Otto Berninger zum 65. Geburtstag am 30. Juli 1963. — Theodor Hurtig: Das Land zwischen Weichsel und Memel, Erinnerungen und neue Erkenntnisse. — Väinö Auer: Die geographischen Gebiete der Moore Feuerlands. — Helmuth Fuckner: Riviera und Côte d'Azur — mittelmeerische Küstenlandschaft zwischen Arno und Rhone. — Rudolf Käubler: Ein Beitrag zum Rundlingsproblem aus dem Tepler Hochland. — Horst Mensching: Die südtunesische Schichtstufenlandschaft als Lebensraum. — Erich Otremba: Die venezolanischen Anden im System der südamerikanischen Cordillere und in ihrer Bedeutung für Venezuela. — Pierre Pédelaborde: Le Climat de la Méditerranée Occidentale. — Hans-Günther Sternberg: Der Ostrand der Nordskanden, Untersuchungen zwischen Pite- und Torne älv. — Eugen Wirth: Zum Problem der Nord-Süd-Gegensätze in Europa. — Hans Fehn: Siedlungsrückgang in den Hochlagen des Oberpfälzer und Bayerischen Waldes. — Konrad Gauckler: Beiträge zur Zoogeographie Frankens. Die Verbreitung montaner, mediterraner und lusitanischer Tiere in nordbayerischen Landschaften. — Helmtraut Hendinger: Der Steigerwald in forstgeographischer Sicht. — Gudrun Höhl: Die Siegritz-Voigendorfer Kuppenlandschaft. — Wilhelm Müller: Die Rhätsiedlungen am Nordostrand der Fränkischen Alb. — Erich Mulzer: Geographische Gedanken zur mittelalterlichen Entwicklung Nürnbergs. — Theodor Rettelbach: Mönau und Mark, Probleme eines Forstamtes im Erlanger Raum. — Walter Alexander Schnitzer: Zum Problem der Dolomitsandbildung auf der südlichen Frankenalb. — Heinrich Vollrath: Die Morphologie der Itzaue als Ausdruck hydro- und sedimentologischen Geschehens. — Ludwig Bauer: Philosophische Begründung und humanistischer Bildungsauftrag des Erdkundeunterrichts, insbesondere auf der Oberstufe der Gymnasien. — Walter Kucher: Zum afrikanischen Sprichwort. — Otto Leischner: Die biologische Raumdichte. — Friedrich Linnenberg: Eduard Pechuel-Loesche als Naturbeobachter.

1963. IV, 358 S., 35 Ktn., 17 Abb., 4 Farbtafeln, 21 Bilder, zahlreiche Tabellen.
ISBN 3 920405 17 X　　　　　　　　　　　　　　　　　　　kart. DM 36,—

Heft 19. *Hölcke, Theodor:* Die Niederschlagsverhältnisse in Nürnberg 1879 bis 1960. 1965. 90 S., 15 Abb. u. 51 Tab. im Text, 15 Tab. im Anhang.
ISBN 3 920405 18 8　　　　　　　　　　　　　　　　　　　kart. DM 13,—

Heft 20. *Weber, Jost:* Siedlungen im Albvorland von Nürnberg. Ein siedlungsgeographischer Beitrag zur Orts- und Flurformengenese. 1965. 128 S., 9 Ktn., 3 Abb. u. 2 Tab. im Text, 6 Kartenbeilagen.
ISBN 3 920405 19 6　　　　　　　　　　　　　　　　　　　kart. DM 19,—

Heft 21. *Wiegel, Johannes M.:* Kulturgeographie des Lamer Winkels im Bayerischen Wald. 1965. 132 S., 9 Ktn., 7 Bilder, 5 Fig. u. 20 Tab. im Text, 4 farb. Kartenbeilagen.　　　　　　　　　　　　　　　　　　　vergriffen

Heft 22. *Lehmann, Herbert:* Formen landschaftlicher Raumerfahrung im Spiegel der bildenden Kunst. 1968. 55 S., mit 25 Bildtafeln.
ISBN 3 920405 21 8　　　　　　　　　　　　　　　　　　　kart. DM 10,—

Heft 23. *Gad, Günter:* Büros im Stadtzentrum von Nürnberg. Ein Beitrag zur City-Forschung. 1968. 213 S., mit 38 Kartenskizzen u. Kartogrammen, 11 Fig. u. 14 Tab. im Text, 5 Kartenbeilagen.
ISBN 3 920405 22 6　　　　　　　　　　　　　　　　　　　kart. DM 24,—

Heft 24. *Troll, Carl:* Fritz Jaeger. Ein Forscherleben. Mit e. Verzeichnis d. wiss. Veröffentlichungen von Fritz Jaeger, zsgest. von Friedrich Linnenberg. 1969. 50 S., mit 1 Portr.
ISBN 3 920405 23 4　　　　　　　　　　　　　　　　　　　kart. DM 7,—

Heft 25. *Müller-Hohenstein, Klaus:* Die Wälder der Toskana. Ökologische Grundlagen, Verbreitung, Zusammensetzung und Nutzung. 1969. 139 S., mit 30 Kartenskizzen u. Fig., 16 Bildern, 1 farb. Kartenbeil., 1 Tab.-Heft u. 1 Profiltafel als Beilage.
ISBN 3 920405 24 2　　　　　　　　　　　　　　　　　　　kart. DM 22,—

Heft 26. *Dettmann, Klaus:* Damaskus. Eine orientalische Stadt zwischen Tradition und Moderne. 1969. 133 S., mit 27 Kartenskizzen u. Fig., 20 Bildern u. 3 Kartenbeilagen, davon 1 farbig.
vergriffen

Heft 27. *Ruppert, Helmut:* Beirut. Eine westlich geprägte Stadt des Orients. 1969. 148 S., mit 15 Kartenskizzen u. Fig., 16 Bildern u. 1 farb. Kartenbeilage.
ISBN 3 920405 26 9 kart. DM 25,—

Heft 28. *Weisel, Hans:* Die Bewaldung der nördlichen Frankenalb. Ihre Veränderungen seit der Mitte des 19. Jahrhunderts. 1971. 72 S., mit 15 Kartenskizzen u. Fig., 5 Bildern u. 3 Kartenbeilagen, davon 1 farbig.
ISBN 3 920405 27 7 kart. DM 16,—

Heft 29. *Heinritz, Günter:* Die „Baiersdorfer" Krenhausierer. Eine sozialgeographische Untersuchung. 1971. 84 S., mit 6 Kartenskizzen u. Fig. u. 1 Kartenbeilage.
ISBN 3 920405 28 5 kart. DM 15,—

Heft 30. *Heller, Hartmut:* Die Peuplierungspolitik der Reichsritterschaft als sozialgeographischer Faktor im Steigerwald. 1971. 120 S., mit 15 Kartenskizzen u. Fig. u. 1 Kartenbeilage.
ISBN 3 920405 29 3 kart. DM 17,—

Heft 31. *Mulzer, Erich:* Der Wiederaufbau der Altstadt von Nürnberg 1945 bis 1970. 1972. 231 S., mit 13 Kartenskizzen u. Fig., 129 Bildern u. 24 farb. Kartenbeilagen.
ISBN 3 920405 30 7 kart. DM 39,—

Heft 32. *Schnelle, Fritz:* Die Vegetationszeit von Waldbäumen in deutschen Mittelgebirgen. Ihre Klimaabhängigkeit und räumliche Differenzierung. 1973. 35 S., mit 1 Kartenskizze u. 2 Profiltafeln als Beilage.
ISBN 3 920405 31 5 kart. DM 9,—

Heft 33. *Kopp, Horst:* Städte im östlichen iranischen Kaspitiefland. Ein Beitrag zur Kenntnis der jüngeren Entwicklung orientalischer Mittel- und Kleinstädte. 1973. 169 S., mit 30 Kartenskizzen, 20 Bildern und 3 Kartenbeilagen, davon 1 farbig.
ISBN 3 920405 32 3 kart. DM 28,—

Heft 34. *Berninger, Otto:* Joachim Blüthgen, 4. 9. 1912—19. 11. 1973. Mit einem Verzeichnis der wissenschaftlichen Veröffentlichungen von Joachim Blüthgen, zusammengestellt von Friedrich Linnenberg. 1976. 32 S., mit 1 Portr.
ISBN 3 920405 36 6 kart. DM 6,—

Heft 35. *Popp, Herbert:* Die Altstadt von Erlangen. Bevölkerungs- und sozialgeographische Wandlungen eines zentralen Wohngebietes unter dem Einfluß gruppenspezifischer Wanderungen. 1976. 118 S., mit 9 Figuren, 8 Kartenbeilagen, davon 6 farbig, und 1 Fragenbogen-Heft als Beilage.
ISBN 3 920405 37 4 kart. DM 28,—

Heft 36. *Al-Genabi, Hashim K. N.:* Der Suq (Bazar) von Bagdad. Eine wirtschafts- und sozialgeographische Untersuchung. 1976. 157 S., mit 37 Kartenskizzen u. Figuren, 20 Bildern, 8 Kartenbeilagen, davon 1 farbig, und 1 Schema-Tafel als Beilage.
ISBN 3 920405 38 2 kart. DM 34,—

Heft 37. *Wirth, Eugen:* Der Orientteppich und Europa. Ein Beitrag zu den vielfältigen Aspekten west-östlicher Kulturkontakte und Wirtschaftsbeziehungen. 1976. 108 S., mit 23 Kartenskizzen u. Figuren im Text und 4 Farbtafeln.
ISBN 3 920405 39 0 kart. DM 28,—

Sonderbände der Erlanger Geographischen Arbeiten

Herausgegeben vom Vorstand der Fränkischen Geographischen Gesellschaft

ISSN 0170—5180

Sonderband 1. *Kühne, Ingo:* Die Gebirgsentvölkerung im nördlichen und mittleren Apennin in der Zeit nach dem Zweiten Weltkrieg. Unter besonderer Berücksichtigung des gruppenspezifischen Wanderungsverhaltens. 1974. 296 S., mit 16 Karten, 3 schematischen Darstellungen, 17 Bildern und 21 Kartenbeilagen, davon 1 farbig.
ISBN 3 920405 33 1   kart. DM 82,—

Sonderband 2. *Heinritz, Günter:* Grundbesitzstruktur und Bodenmarkt in Zypern. Eine sozialgeographische Untersuchung junger Entwicklungsprozesse. 1975. 142 S., mit 25 Karten, davon 10 farbig, 1 schematischen Darstellung, 16 Bildern und 2 Kartenbeilagen.
ISBN 3 920405 34 X   kart. DM 73,50

Sonderband 3. *Spieker, Ute:* Libanesische Kleinstädte. Zentralörtliche Einrichtungen und ihre Inanspruchnahme in einem orientalischen Agrarraum. 1975. 228 S., mit 2 Karten, 16 Bildern und 10 Kartenbeilagen.
ISBN 3 920405 35 8   kart. DM 19,—

Sonderband 4. *Soysal, Mustafa:* Die Siedlungs- und Landschaftsentwicklung der Çukurova. Mit besonderer Berücksichtigung der Yüregir-Ebene. 1976. 160 S., mit 28 Kartenskizzen u. Fig., 5 Textabbildungen u. 12 Bildern.
ISBN 3 920405 40 4   kart. DM 28,—

Sonderband 5. *Hütteroth, Wolf-Dieter and Kamal Abdulfattah:* Historical Geography of Palestine, Transjordan and Southern Syria in the Late 16th Century. 1977. XII, 225 S., mit 13 Karten, 1 Figur u. 5 Kartenbeilagen, davon 1 Beilage in 2 farbigen Faltkarten.
ISBN 3 920405 41 2   kart. DM 69,—

Sonderband 6. *Höhfeld, Volker:* Anatolische Kleinstädte. Anlage, Verlegung und Wachstumsrichtung seit dem 19. Jahrhundert. 1977. X, 258 S., mit 77 Kartenskizzen u. Fig. und 16 Bildern.
ISBN 3 920405 42 0   kart. DM 30,—

Sonderband 7. *Müller-Hohenstein, Klaus:* Die ostmarokkanischen Hochplateaus. Ein Beitrag zur Regionalforschung und zur Biogeographie eines nordafrikanischen Trockensteppenraumes. 1978. 193 S., mit 24 Kartenskizzen u. Fig., davon 18 farbig, 15 Bildern, 4 Tafelbeilagen und 1 Beilagenheft mit 22 Fig. u. zahlreichen Tabellen.
ISBN 3 920405 43 9   kart. DM 108,—

Sonderband 8. *Jungfer, Eckhardt:* Das nordöstliche Djaz-Murian-Becken zwischen Bazman und Dalgan (Iran). Sein Nutzungspotential in Abhängigkeit von den hydrologischen Verhältnissen. 1978, XII, 176 S., mit 28 Kartenskizzen u. Fig., 20 Bildern und 4 Kartenbeilagen.
ISBN 3 920405 47 1

Selbstverlag der Fränkischen Geographischen Gesellschaft
in Kommission bei Palm & Enke, D-8520 Erlangen, Postfach 2140